Claus Kühnel
Daniel Zwirner

Lua

Claus Kühnel
Daniel Zwirner

Lua

Einsatz von Lua in Embedded Systems

Bibliografische Information der Deutschen Nationalbibliothek

Die Deutsche Nationalbibliothek verzeichnet diese Publikation in der Deutschen Nationalbibliografie; detaillierte bibliografische Daten sind im Internet über http://dnb.d-nb.de abrufbar.

© 2012 Skript Verlag Kühnel, CH-8852 Altendorf

ISBN 978-3-907857-15-1

Auf dem Coverbild sind die hier als Embedded Sysrems eingesetzten Hardware Module gezeigt.

Oben ist ein FOX Board G20 von ACME Systems (http://www.acmesystems.it) gezeigt - ein Single Board Computer auf Basis einer Atmel AT91SAM9G20 400MHz ARM9 CPU. Darunter ist ein mbed Mikrocontroller (http://mbed.org) auf Basis eines Cortex-M3 zu sehen und an unterster Position ist die 386EX-Card III, einer der kleinsten auf dem Markt erhältlichen DOS-Rechner von taskit (http://www.taskit.de) dargestellt.

Für die Erlaubnis zur Verwendung der Bilder danken wir den Herstellern.

Vorwort

Entwicklungen von Geräten zum Messen-Steuern-Regeln und in unserem Fall der Laborautomatisierung zeichnen sich heute durch einen hohen Grad an Komplexität aus.

Die in der Laborautomatisierung eingesetzten Geräteplattformen sind in der Regel komplexe mechatronische Systeme mit zahlreichen Aktoren zur Ausführung von Steuerungsfunktionen, Sensoren zur Prozessüberwachung und integriertem Steuerungsrechner mit grafischem Userinterface (Touchscreen), welche für Labornutzer in den Bereichen Forschung, angewandte Testverfahren und molekularer Diagnostik eine völlig neue Dimension der Probenhandhabung und eine erhebliche Zeit- und Kostenersparnis sowie eine massive Leistungssteigerung erlauben.

Die gesamte Entwicklung solcher Plattformen erfolgt häufig an verschiedenen Standorten. In die Entwicklung einer neuen Geräteplattform waren in unserem Fall die folgenden Disziplinen involviert:

- Biologen – für die Entwicklung der zu automatisierenden Prozesse und die Prozessintegration

- Kunststoffingenieure – für die Entwicklung der so genannten Labware (Tips etc.)

- Maschinenbauingenieure – für die Entwicklung der Mechanik der gesamten Geräteplattform

- Elektronikingenieure – für die Entwicklung der Steuerungselektronik incl. Sensorik und Antrieben

- Softwareingenieure – für die Entwicklung der hardwarenahen Schichten der Software

- Softwareingenieure und Informatiker – für die Entwicklung der prozessnahen Schichten (die eigentliche Applikation) und des grafischen User Interfaces (GUI)

Dieses Szenario ist durchaus auf andere Disziplinen übertragbar und soll die Ausgangssituation einer komplexen Geräteentwicklung beschreiben.

Die Basisfunktionalität des zu entwickelnden Geräts wird in Funktionsmustern und Prototypen implementiert, bevor die Applikation und das GUI für Inbetriebnahme und Tests zur Verfügung stehen. Dadurch entstand der Bedarf nach einem Tool, mit dem der Test der Basisfunktionalität möglich wurde.

Am Anfang unseres Projektes war klar, dass das Gerät neben der eigentlichen Applikation einen einfachen Skript Interpreter haben soll, mit dem beliebige Aktionen ausgeführt werden können.

Um den Entwicklungsaufwand für einen spezifischen Interpreter zu vermeiden, wurde nach verfügbaren Lösungen gesucht. Berichte mit guten Erfahrungen haben uns auf das Ausprobieren eines bereits existierenden, ausgereiften Interpreters neugierig gemacht und der Lua Interpreter wurde versuchsweise in die Low-Level Testsoftware integriert. Ein Nachmittag reichte, um Lua zu integrieren und das erste Kommando zur Ansteuerung des Geräts zu implementieren.

Nach einigen weiteren Erfahrungen mit der Lua Integration wurde die Idee des spezifischen Interpreters verworfen und ganz auf Lua gesetzt.

Dem Test der Low-Level Steuerung des Geräts folgten schnell Lua Anbindungen für weitere Komponenten. Heute haben wir für alle Schichten unterhalb des grafischen User Interfaces (GUI) spezifische Lua Packages.

Später wurde Lua intensiv zur Verifikation einzelner Module und zur Kalibrierung des Geräts eingesetzt.

Um für solche Fälle die Kommandozeilen-Schnittstelle zu verbergen, folgte die Entwicklung einer einfachen grafischen Bibliothek, basierend auf VT102 Kommandos und einer Touchscreen Anbindung. Daraus entstanden weitere Applikationen, die als Fertigungshilfsmittel dienen oder in Test- und Programmiersoftware eingesetzt werden.

Unter Verwendung von wxLua einem Lua Wrapper für die wxWidgets Cross-Plattform C++ GUI Library, können anspruchsvolle Windowsapplikationen geschrieben werden.

Mit dieser Broschüre wollen wir an Hand unserer Erfahrungen die Leistungsmerkmale von Lua verdeutlichen und die Erweiterungsfähigkeit anhand einiger Beispiele demonstrieren.

In einem ersten Beispiel werden wir den auf einem PC installierten Lua Interpreter mit einer DLL erweitern, die die Ansteuerung eines über USB angeschlossenen AD-DA-Subsystems ermöglicht.

Im einem zweiten Beispiel werden wir Lua in eine Anwendung auf einem Embedded System auf Basis eines Intel386™ EX Prozessors mit ROM-DOS (kompatibel zu MS-DOS 6.22) einbetten und zeigen, dass Lua auch in Systemen mit knappen Ressourcen eingesetzt werden kann.

Im dritten Beispiel werden wir die DOS-Applikation durch eine Linux-Anwendung ersetzen, bei der das kompakte FOX Board G20, ein Linux Embedded Single Board Computer auf der Basis eines Atmel AT91SAM9G20 Mikrocontrollers, zum Einsatz kommt.

Den Abschluss der Anwendungsbeispiele bildet mit eLua ein für Mikrocontrolleranwendungen angepasstes Lua.

Im letzten Abschnitt werden wir Tools vorstellen, die unter gewissen Voraussetzungen die Verknüpfung von Lua und C/C++ vereinfachen können.

Alle hier gelisteten Quelltexte sind unter SourceForge http://lua.sourceforge.net/ abgelegt.

Zum Buch existiert außerdem eine Webseite http://www.ckuehnel.ch/lua-buch.html

Zur Vereinfachung der Lesbarkeit folgen wir bei der textlichen Darstellung folgenden Konventionen:

- Kommandos und Ausgaben über die Console werden in `Courier New` dargestellt.

- Eingaben über die Console erscheinen in **`Courier New`**.

- Programm- und Dateinamen erscheinen *kursiv*.

Neben der hier vorliegenden Print-Version gibt es zu diesem Buch auch eine eBook-Version (ISBN 978-3-907857-17-5), bei der die im Text vorhandenen Hyperlinks direkt zu den verlinkten Stellen führen.

Alle im Buch vorhandenen Links wurden im Juni 2012 auf ihre Richtigkeit hin überprüft.

Da sich das Internet kontinuierlich wandelt, können wir nicht sicherstellen, dass diese Links zu einem späteren Zeitpunkt noch zum Ziel führen oder noch die selben Inhalte besitzen, wie zum Zeitpunkt der Aufnahme. Bitte teilen Sie uns fehlerhafte Links mit.

Altendorf, im Sommer 2012   Claus Kühnel, Daniel Zwirner

Inhalt

1. Warum und wozu Lua?

Bei der Entwicklung komplexer Systeme zum Messen-Steuern-Regeln erfolgt die Bereitstellung der verschiedenen Schichten der Software meist zu sehr unterschiedlichen Zeiten und ggf. auch durch verschiedene Teams an unterschiedlichen Standorten.

Zum Zeitpunkt von Inbetriebnahme und Test der hardware- bzw. betriebssystemnahen Softwarebestandteile stehen die übergeordneten Applikationsschichten in den seltensten Fällen bereits zur Verfügung.

Lua ist ein geeignetes Mittel, um interaktiv auf beliebige Zwischenschichten der Software zugreifen zu können.

Compiled programming languages and scripting languages each have unique advantages, but what if you could use both to create rich applications? Lua is an embeddable scripting language that is small, fast, and very powerful. Before you create yet another configuration file or resource format (and yet another parser to accompany it), try Lua. [1]

Compilersprachen und Skriptsprachen haben jeweils einzigartige Vorteile, aber was ist, wenn Sie beide verwenden könnten, um komplexe Anwendungen zu bilden? Lua ist eine eingebettete Skriptsprache, ist klein, schnell und sehr mächtig. Bevor Sie noch eine andere Konfigurationsdatei oder ein Ressourceformat (und einen weiteren Parser dafür) erstellen, versuchen Sie es mit Lua.

Lua (portugiesisch für Mond) ist eine Skriptsprache zum Einbinden in Programme, um diese leichter weiterentwickeln und warten zu können. Der Name Lua ist eine Anspielung darauf, dass die Sprache ein Nachfolger von "Sol" (Simple Object Language) ist, dem portugiesischen Wort für "Sonne". Eine der besonderen Eigenschaften von Lua ist die geringe Größe des kompilierten Skript Interpreters.

Lua wurde 1993 von der Computer Graphics Technology Group der Pontifikalen Katholischen Universität von Rio de Janeiro in Brasilien entwickelt.

Lua Programme werden vor der Ausführung in Bytecode übersetzt. Obwohl man mit Lua auch eigenständige Programme schreiben kann, ist Lua vorrangig als Skriptsprache von C-Programmen konzipiert.

Ziel unserer Evaluation von Lua war die Verwendung dieser Skriptsprache zum interaktiven Aufruf von Funktionen der in C geschriebenen Anwendersoftware eines komplexen Steuerungssystems [2][3].

Wir wollen in dieser Broschüre Lua als Skriptsprache selbst und im Zusammenhang mit C-Programmen vorstellen. Lua selbst kann plattformunabhängig eingesetzt werden.

Hier werden aber zum einfacheren Nachvollziehen ein PC unter Windows XP sowie Embedded Systems auf Basis (x86 bzw. ARM9) mit einem DOS-kompatiblen Betriebssystem bzw. Linux und ein Mikrocontroller verwendet.

Da als Host-System ein PC unter Windows XP dient, soll nun auch wxLua zum Einsatz kommen. wxWidgets ist eine quelloffene Klassenbibliothek zur Entwicklung grafischer Benutzeroberflächen. Sie wird in der Programmiersprache C++ entwickelt und unter einer modifizierten LGPL lizenziert, die auch das Verbreiten von abgeleiteten Werken unter eigenen Bedingungen erlaubt.

Mit diesem Wrapper für die wxWidgets Cross-Plattform C++ GUI Library, können anspruchsvolle Windowsprogramme geschrieben werden.

2. Lizenzen

Das Urheberrecht bezeichnet das Recht auf Schutz des geistigen Eigentums in ideeller und materieller Hinsicht.

Bereits 1886 wurde mit der Berner Übereinkunft zum Schutze von Werken der Literatur und Kunst ein völkerrechtlicher Vertrag geschlossen. Jeder Vertragsstaat anerkennt den Schutz an Werken von Bürgern anderer Vertragspartner genauso wie den Schutz von Werken der eigenen Bürger. Ausländische Urheber sind inländischen Urhebern gleichgestellt. Der Schutz erfolgt gemäß der Berner Übereinkunft automatisch, d. h. es werden keine Registrierung und kein Copyright-Vermerk vorausgesetzt.

Auch die Verbreitung und Nutzung von Software unterliegt dem Urheberrecht.

Durch einen Lizenzvertrag erteilt der Urheber dem Lizenznehmer ein definiertes Nutzungsrecht.

Für die hier behandelte Software gelten unterschiedliche Lizenzen, die die Rechte des Lizenznehmers regeln.

Grundsätzlich kann bei den hier gelisteten Lizenzen davon ausgegangen werden, dass bei Offenlegung der erstellten Quelltexte keine Einschränkungen wirksam werden.

Die angegebenen Links führen zu den speziellen Regelungen für die jeweilige Software.

Software	Lizenz	Link
Lua (ab V.5.0)	MIT-License	http://www.opensource.org/licenses/mit-license.php
wxLua	wxWindows Library License	http://www.opensource.org/licenses/wxwindows.php
murgaLua	GPL	http://www.opensource.org/licenses/GPL-2.0
GnuPlot	GnuPlot License	http://fedoraproject.org/wiki/Licensing:Gnuplot
eLua	MIT-License	http://www.opensource.org/licenses/mit-license.php
SWIG	GPL-3.0	http://www.opensource.org/licenses/GPL-3.0
ToLua	MIT	http://us.generation-nt.com/answer/bug-472272-tolua-reported-license-isnt-dfsg-compliant-but-upstream-relicensed-under-mit-x-license-help-167788581.html

3. Installation von Lua

Zur Installation von Lua gibt es grundsätzlich zwei Wege:

- Download des Lua Sourcecodes und anschließendes Compilieren

- Download und Installation eines Komplettpakets (Prebuilt Binary Package)

Um sich erst einmal mit Lua vertraut zu machen, ist der zweite Weg der einfachste.

Wir wollen vorerst Lua auf einem PC unter Windows XP einsetzen und können deshalb das Installationspaket für *Lua for Windows* von der Website http://code.google.com/p/luaforwindows herunter laden (Stand 2012-06-02).

Lua for Windows kombiniert Lua Binaries, Lua Libraries und einen Lua-tauglichen Editor in einem einzigen Installationspaket für Windows.

Lua for Windows enthält also alles, was zur Entwicklung von Lua Programmen unter Windows benötigt wird. Zahlreiche Bibliotheken (Libraries) und Programmbeispiele sind im Paket enthalten.

Eine Übersicht zu den enthaltenen Libraries zeigt die folgende Zusammenstellung (Stand 2012-06-02):

Library	Version	Description
Alien	0.5.0	Provides access to functions in an unknown or new .dll.
IUP	3.5.0	Light Portable Graphical User Interface library.
CD	5.4.1	Canvas Draw: A platform-independent graphic library.
IM	3.6.3	A toolkit for Digital Imaging.
Ex	Jan 07	Adds environment, file system, I/O (Locking and pipes), and process control.
LPeg	0.9	Pattern-matching library based on Parsing Expression Grammars.
Lua-GD	2.9.33r2	Image manipulation library based on Thomas Bou-tell's GD library.
LuaCOM	1.4	Enable use & implementation of Microsoft's Component Object Model.
LuaCURL	1.0	Interface to Internet browsing capabilities based on the cURL library.
Date	2	Date and Time library for Lua.
LuaDoc	3.01	Documentation tool for Lua source code.
LuaExpat	1.1.0	Lua interface to XML Expat parsing library.
LuaFileSystem	1.4.2	Access the directory structure and file attributes.
LuaLogging	1.2.0	Logging features in Lua, based on log4j.
LuaProfiler	2.0.1	Time profiler designed to find bottlenecks in Lua programs.
LuaSocket	2.0.2	Lua interface to support HTTP, FTP, SMTP, MIME, URL & LTN12.
LuaSQL	2.1.1	Lua interface for PostgreSQL, ODBC, MySQL, SQLite, Oracle, and ADO dbms.
LuaUnit	1.3	Testing framework for Lua.
LuaZip	1.2.3	Read files from zip files.
stdlib	25	Library of modules for common programming tasks, including list, table and functional operations, regexps, objects, pretty-printing and getopt.

Library	Version	Description
Irexlib	2.2	Regular expression library for Lua.
MD5	1.1.2	Basic cryptographic facilities for Lua.
Copas	1.1.5	Dispatcher based on coroutines that can be used by TCP/IP servers.
Coxpcall	1.13	Encapsulates the protected calls with a coroutine based loop, so errors can be dealed without the usual pcall/xpcall issues with coroutines.
Rings	1.2.2	Provides a way to create new Lua states from within Lua. It also offers a simple way to communicate between the creator (master) and the created (slave) states.
LOOP	2.3 Beta	LOOP stands for Lua Object-Oriented Programming and is a set of packages for supporting different models of object-oriented programming in the Lua language.
LuaTask	1.6.4	Implements a concurrent and independent Lua execution environment model.
LuaInterface	1.5.3	Integration between the Lua language and Microsoft .NET platform's Common Language Runtime (CLR).
wxLua	2.8.10	Lua binding to the wxWidgets library
lpack	29 Jun 2007	Lua library for packing and unpacking binary data
VStruct	1.0.2	Provides functions for manipulating binary data
LuaBitOps	1.0.1	Lua BitOp is a C extension module for Lua 5.1 which adds bitwise operations on numbers.
LuaXML	1.3	A module that maps between Lua and XML without much ado
Lanes	2.0.4	Provides the possibility to run multiple Lua states in parallel.
MetaLua	0.5-rc1	A complete macro system with full compatibility with Lua 5.1 sources and bytecode: clean, elegant semantics and syntax, amazing expressive power, good performances, near-universal portability.

Library	Version	Description
LuaGL	1.3	It's a library that provides access to all of the OpenGL functionality from Lua.
Penlight	0.8.0	Penlight is a set of pure Lua libraries, with only lfs dependency, for extended operations on tables, lists and strings, partially implementing some useful parts of the Python libaries.
lbase64	for Lua 5.1	A base64 library for Lua.
gzio	0.9.0	The Lua gzip file I/O module emulates the standard I/O module, but operates on compressed gzip format files.
LuaRS232	1.0.0	Lua binding to librs232 which is a cross-platform rs232 (serial) library.
LeMock	0.6	LeMock (Lua Easy Mock) is a mock creation module intended for use together with a unit test framework such as LuaUnit, lunit or lunity.
LuaRocks	2.02	A deployment and management system for Lua modules.
Oil	0.4-beta	It is a simple, efficient and flexible object request broker written in the Lua language.
LuaJSON	1.2.2	JSON parser/encoder for Lua parses JSON

Nach abgeschlossener Installation sind zwei neue Icons (Lua, SciTE) auf dem Desktop des PCs zu finden. *SciTE* steht dabei für Scintilla based Text Editor.

Den Lua Interpreter startet man am einfachsten aus dem Directory heraus, in dem sich die Lua Skripte befinden.

Wie Abbildung 1 zeigt, ist das in unserem Fall das Directory C:\Projekte\Lua\Working\Samples. Nach Aufruf des Lua Interpreters durch Eingabe von *lua* erfolgt die Ausgabe des Copyright Vermerks gefolgt vom Prompt ">", der zur Eingabe eines Lua Kommandos auffordert.

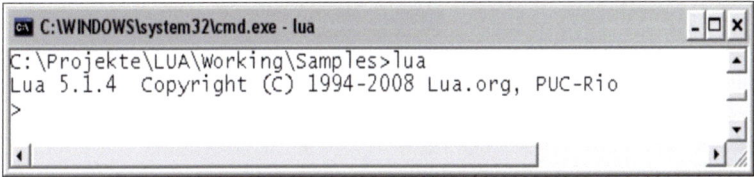

Abbildung 1   Lua Interpreter

Die Ausgabe des Copyrights in Abbildung 1 zeigt, dass wir mit der (zum Zeitpunkt der Erstellung dieser Broschüre) aktuellen Lua Version 5.1 arbeiten. Dies ist insofern wichtig zu wissen, da es zwischen den Versionen 4 und 5 zahlreiche Änderungen gegeben hat.

Im Dezember 2011 wurde die Lua Version 5.2 freigegeben. Die Version 5.2 unterscheidet sich von der 5.1.4 vor allem hinsichtlich Erweiterungen bei der Garbadge Collection und bei Bitoperationen. Außerdem ist ein goto Statement hinzu gekommen.

Hier werden wir Lua weiterhin in der Version 5.1.4 verwenden. Dafür sprechen die folgenden Gründe:

- Die heute verfügbare Literatur zu Lua bezieht sich fast ausnahmslos auf die V.5.1.

- Die in der V.5.2 enthaltenen Neuerungen bringen uns hier nicht wesentlich weiter.

Ein Doppelklick auf das *SciTE* Icon startet den Editor *SciTE* der als integrierte Entwicklungsumgebung (IDE) angesehen werden kann. In Abbildung 2 wurde bereits das Skript *hello.lua* geöffnet und gestartet.

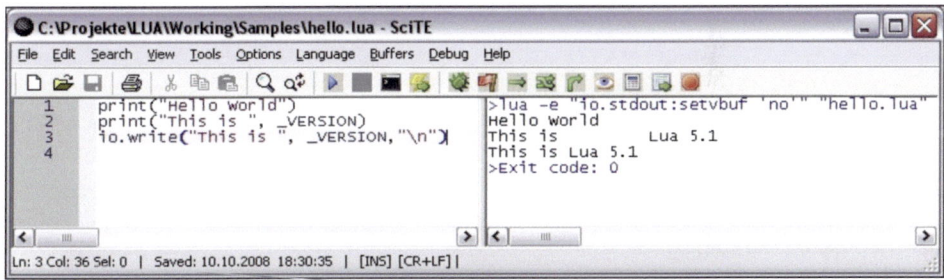

Abbildung 2   Skript *hello.lua* im Editor *SciTE*

Auf der linken Seite ist der Quelltext des Skripts im Editierfenster zu sehen. Das auf der rechten Seite angeordnete Ausgabefenster zeigt nach dem Start des Programms die Ausgaben über Stdout.

19

Damit ist der Nachweis der ordnungsgemäßen Installation von *Lua for Windows* erst einmal erbracht.

In der Regel wird man bei der Arbeit mit *Lua unter Windows* mit dem Editor *SciTE* arbeiten. Aus Gründen der besseren Lesbarkeit werden wir hier aber die Quelltexte als separates Listing darstellen und die Ausgaben der Skripte als Screenshots der Interpreterausgaben.

Für das Skript *hello.lua* gemäß Abbildung 2 sieht das dann folgendermaßen aus.

Listing 1 zeigt den Quelltext des Skripts *hello.lua*, während Abbildung 3 Aufruf und Ausgaben des Skripts im Lua Interpreter darstellt. Mit dem Kommando `do-file()` wird ein Skript aufgerufen und gestartet.

```
print("Hello World")
print("This is ", _VERSION)
io.write("This is ", _VERSION,"\n")
```

Listing 1   Quelltext *hello.lua*

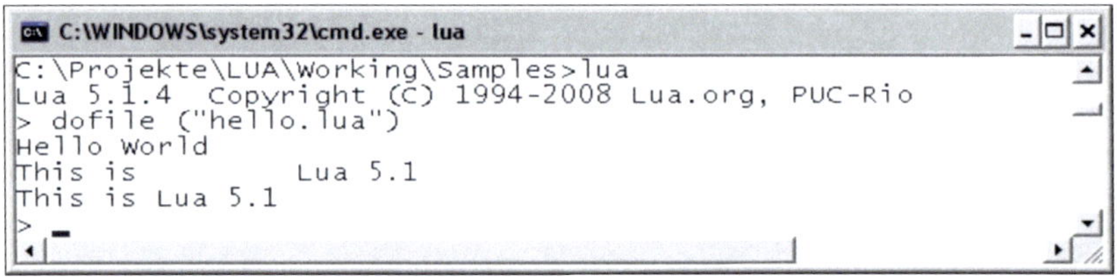

Abbildung 3   Aufruf und Ausgaben des Skripts *hello.lua*

4.   Lua Editoren

Mit der Installation von *Lua for Windows* steht uns *SciTE* (http://www.scintilla.org/SciTE.html), ein auf Scintilla basierender Text-Editor bereits zur Verfügung.

SciTE steht derzeit für Windows XP oder höher und Linux kompatibel mit GTK+ zur Verfügung. *SciTE* wurde auch auf Windows 7 und auf Fedora 12 und Ubuntu 10.10 mit GTK + 2.20 getestet.

LuaEclipse (http://luaeclipse.luaforge.net) ist eine für die Eclipse Plattform entwickelte Sammlung von Plugins, die mit Eclipse zusammen eine IDE zur Entwicklung von Lua Anwendungen bildenden. Mit dieser IDE können Lua Skripts mit Syntax Highlighting, Code Completion und weiteren Features editiert und mit einem vorkonfiguriertem Interpreter auch ausgeführt werden.

Der *Crimson Editor* (http://www.crimsoneditor.com) und *PSPad* (http://www.pspad.com/de) sind weitere Mehrzweck-IDE für Windows.

Für Mac OS gibt es eine Reihe weiterer Editoren, die aber nicht in jedem Fall kostenfrei sind.

Smultron ist ein kostenloser Text-Editor für Mac OS X 10.4 Tiger mit einer Reihe von nützlichen Features wie Syntax-Einfärbung (http://sourceforge.net/projects/smultron, http://www.peterborgapps.com/smultron).

Nur für nicht-kommerzielle Nutzung unter Mac OS X frei ist *SubEthaEdit* (http://www.codingmonkeys.de/subethaedit/index.de.html). Für die kommerzielle Nutzung kostet der Editor dann € 29,00.

TextMate (http://macromates.com) ist auch ein ausgezeichneter Allround-Text-Editor, der Syntax-Einfärbung für praktisch jede bekannte Sprache hat. Wahrscheinlich ist er aber zu komplex, wenn es nur darum geht, Lua Skripte zu editieren. Für Mac OS 10.4.2 PPC/Intel kostet *TextMate* € 39,00.

5.   Lua GUIs

Wie im letzten Abschnitt gezeigt, begegnet Lua dem Anwender üblicherweise mit einem Kommandozeilen-Interface.

Lua for Windows besitzt mit der Library IUP die Möglichkeit zur Erzeugung eines grafischen Userinterfaces (GUI) unter Windows. Umfassendere Möglichkeiten bieten die folgenden Erweiterungen.

5.1   wxLua

wxLua ist die Anbindung an die C++ wxWidgets Cross-Plattform-GUI-Bibliothek für Lua.

Es ist möglich, mit *wxLua* komplexe, grafische und interaktive Programme zu entwickeln und der Applikation die Möglichkeiten einer interpretierten Sprache mitzugeben.

Nahezu die komplette Funktionalität von wxWidgets wird an Lua übertragen, so dass Anwendungsprogrammen Windows, Dialoge, Menus, Toolbars, Controls, Image Handling, Drawing, Sockets, Streams, Printing, Clipboard Access und vieles andere mehr zur Verfügung gestellt werden können.

Das Installationspaket für *wxLua* umfasst ca. 9 MB und kann von der URL http://sourceforge.net/projects/wxlua/files/wxlua/2.8.10.0/wxLua-2.8.10-MSW-bin.zip/download herunter geladen werden (Stand 2011-05-26).

Abbildung 4 zeigt den wxLuaEditor mit einem Programmbeispiel von der Website http://wxlua.sourceforge.net. Abbildung 5 zeigt das erzeugte Window mit Menu- und Statusbar.

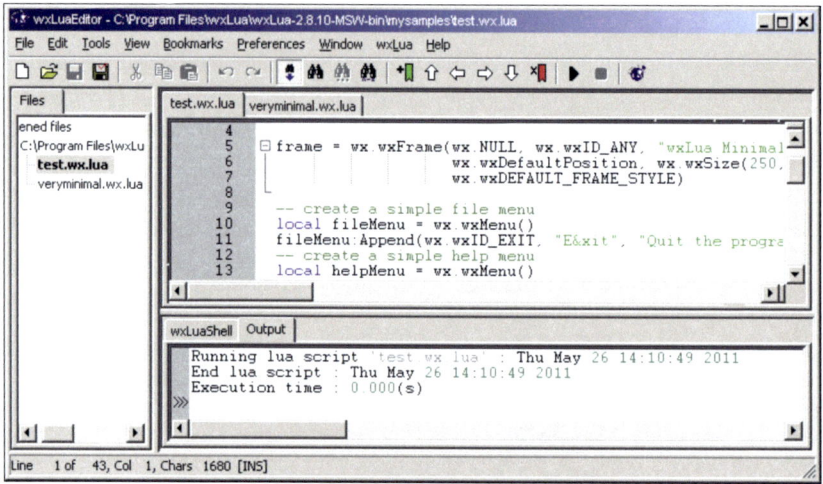

Abbildung 4   Skript *test.wx.lua* im wxLuaEditor

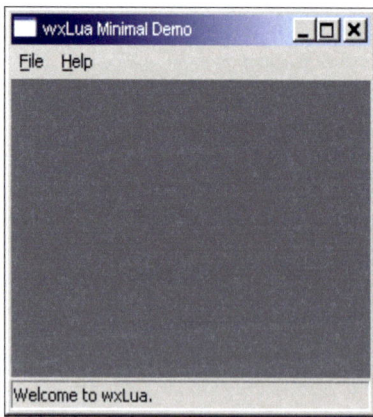

Abbildung 5   Ausgabe des Skripts *test.wx.lua*

5.2 murgaLua

murgaLua ist eine Lua Erweiterung, welche GUIs, Networking, Databases & XML in weniger als 500 KByte zur Verfügung stellt.

murgaLua läuft unter Windows, Linux und MacOS ohne Codeänderungen.

Alle erforderlichen Informationen sind auf John Murgas Website www.murga-projects.com/murgaLua zu finden. Auf dieser Seite sind unter User Guide & Reference (http://www.murga-projects.com/murgaLua/murgaLua.html) Hinweise zu Installation sowie Programmerstellung und Programmbeispiele zu finden.

In Abbildung 6 bis Abbildung 8 sind Screenshots eines leicht modifizierten Programmbeispiels des murgaLua Pakets zu finden (*murgaLua_test.lua*).

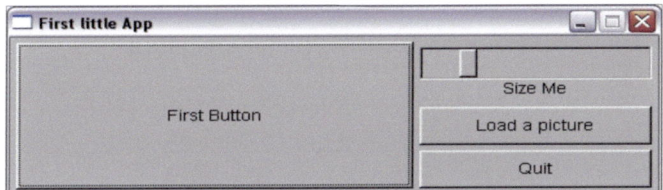

Abbildung 6   First little App GUI

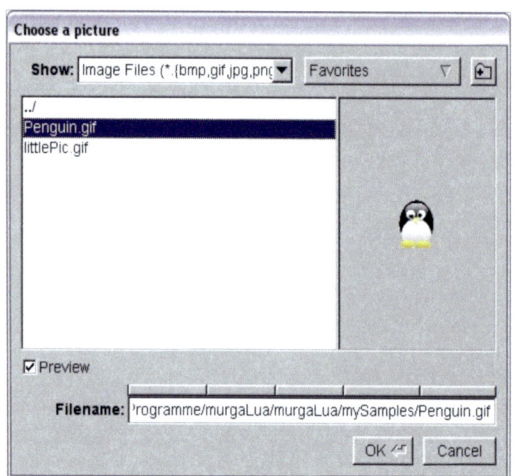

Abbildung 7 Auswahl einer Bilddatei

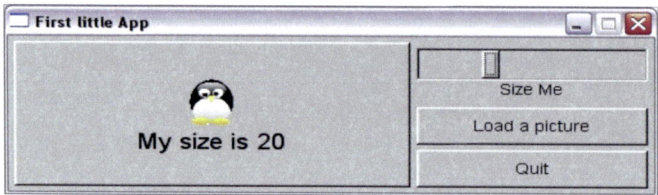

Abbildung 8 Anzeige und Skalierung

6. Lua Standalone

Lua als Skriptsprache entwickelt seine Stärken im Zusammenhang mit C-Funktionen, die Lua erweitern bzw. durch die Möglichkeit der Interaktion durch Einbettung in C-Programme.

Bevor diese Aspekte betrachtet werden, soll das Beschäftigen mit Lua selbst die Unterschiede zu konventionellen Programmiersprachen und die daraus resultierenden Möglichkeiten aufzeigen.

6.1 Einfache Beispiele

Lua kann hier nicht systematisch abgehandelt werden. Dazu gibt es recht umfangreiche Bücher [4][5][6].

An dieser Stelle soll Lua anhand verschiedener Programmbeispiele vorgestellt werden, die dann auch das Lesen der zitierten Literatur bzw. von Quellen aus dem Internet erleichtern.

6.1.1 Hello World

Beim Beschäftigen mit einer noch unbekannten Programmierumgebung und einer neuen Programmiersprache starten wir mit dem oft benutzen „Hello World".

Den Quelltext hatten wir bereits in Listing 1 kennen gelernt und können diesen nun im Editor *SciTE* eingeben und als Datei *hello.lua* abspeichern.

Mit dem ersten `print(...)` wird der String im Argument ausgegeben. Gleich verhält es sich beim zweiten `print(...)`, nur dass hier noch die globale Variable `_VERSION` abgefragt wird. `_VERSION` beinhaltet die aktuelle Lua Version. Bei der Ausgabe fällt auf, dass `print()` Zeichen (Tabulator) einfügt und so die Ausgabe beeinflusst. Deshalb taugt `print()` auch nur für einfache Ausgaben, bei denen es weniger auf die Formatierung ankommt.

Bei Verwendung der Funktion `io.write()` aus der Bibliothek IO hat man vollständige Kontrolle über die Ausgaben. Bei der hier vorgenommenen Nutzung von `io.write()` wird die Standardausgabe (io.stdout), das ist der Bildschirm, verwendet.

Mit der Funktion `io.write()` erhält man dann auch die erwarteten Ausgaben auf dem Bildschirm, wie Abbildung 2 und Abbildung 3 zeigten.

6.1.2 Lesen und Schreiben von Textdateien

Das Lesen und Schreiben von Textdateien erfolgt über die Bibliothek IO, die Bestandteil von LUA ist. Listing 2 zeigt einen Zugriff auf die Datumsfunktion des Betriebssystems (hier Windows XP) und die formatierte Ausgabe.

Die folgenden Zeilen öffnen eine Datei (hier *log.txt*) und schreiben zwei Zeilen Text in diese Datei. Anschließend wird die Datei zeilenweise zurück gelesen und der jeweilige Zeileninhalt ausgegeben. Die Funktion `io.lines()` schließt die Datei automatisch nach dem Lesen der letzten Zeile.

In der Variablen `path` kann ein Pfad für die Datei *log.txt* abgespeichert werden. Beim Öffnen der Datei zum Schreiben resp. Lesen wird der Dateinamen dann jeweils mit dem Pfad verknüpft.

Abbildung 9 zeigt die Ausgaben bei der Abarbeitung des Skripts *data.lua*. Den Inhalt der Datei *log.txt* zeigt Abbildung 10.

```
print(os.date("Now it is %X on %d. %B %Y, a %A"))

path="C:\\Projekte\\LUA\\Working\\Samples\\"

f=io.output(path.."log.txt")
print(f)
ret=io.write("Das ist eine Zeile Text\n")
print(ret)
ret=io.write("Das ist eine weitere...\n")
print(ret)
ret=io.close(f)
print(ret)

f=io.input(path.."log.txt")
print(f)
for line in io.lines() do print(line) end
```
Listing 2   Quelltext *data.lua*

Die Funktionen `io.output()` und `io.input()` geben ein File Handle zurück, welches beispielsweise von der Funktion `io.close()` zur Kennzeichnung der zu schließenden Datei genutzt wird.

Die Rückgabewerte der Funktionen `io.write()` und `io.close()` kennzeichnen den Erfolg der jeweiligen Aktion.

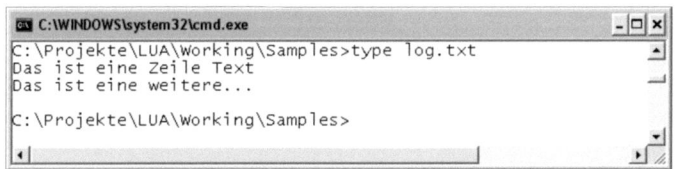

```
C:\WINDOWS\system32\cmd.exe - lua                              _□×
> dofile("data.lua")
Now it is 18:33:05 on 10. October 2008, a Friday
file (781C1BD8)
true
true
true
file (781C1BD8)
Das ist eine Zeile Text
Das ist eine weitere...
> _
```

Abbildung 9 Aufruf und Ausgaben des Skripts *data.lua*

```
C:\WINDOWS\system32\cmd.exe                                   _□×
C:\Projekte\LUA\Working\Samples>type log.txt
Das ist eine Zeile Text
Das ist eine weitere...

C:\Projekte\LUA\Working\Samples>
```

Abbildung 10 Inhalt der Datei *log.txt*

6.1.3   Laufzeitmessung

Die Funktion os.clock() liefert eine Annäherung der vom Programm benutz-
ten CPU-Zeit in Sekunden.

Eine typische Anwendung dieser Funktion besteht in der Ermittlung von Laufzeiten für bestimmte Codefragmente. Listing 3 zeigt das Programmbeispiel *bench-
mark.lua*.

Das zu testende Codefragment, hier s = s + i, wird in die for-Schleife eingebettet
und in diesem Fall 1'000'000-mal aufgerufen. Die Laufzeit für diese Anzahl von
Aufrufen wird am Ende über die Printanweisung ausgegeben.

```
---------------------------------------------------------
-- Benchmark runtime of code phragments
---------------------------------------------------------
local x = os.clock()  -- due to quick access defined as local
local s = 0

for i=1,1000000 do
    -- Place your code between the comment lines
    s = s + i
    ---------------------------------------------------
end
```

```
print(string.format("elapsed time: %.2f\n", os.clock() - x))
```

Listing 3   Quelltext *benchmark.lua*

Abbildung 11 zeigt den Aufruf des Skripts *benchmark.lua* und dessen Ergebnis-
ausgabe.

```
C:\WINDOWS\system32\cmd.exe - lua                        _ □ ×
C:\Projekte\LUA\Working\Samples>lua
Lua 5.1.4  Copyright (C) 1994-2008 Lua.org, PUC-Rio
> dofile ("benchmark.lua")
elapsed time: 0.08

>
```

Abbildung 11   Aufruf und Ausgaben des Skripts *benchmark.lua*

6.2   Lua-spezifische Beispiele

Diese ersten Programmbeispiele zeigten keine Lua-spezifischen Eigenschaften
und könnten so oder so ähnlich in jeder anderen Programmiersprache formuliert
werden.

Es gibt aber auch Besonderheiten, von denen einige im Folgenden betrachtet
werden.

6.2.1   Unbestimmte Anzahl von Argumenten

Lua bietet die Möglichkeit, Funktionen mit unbestimmter Anzahl von Argumenten zu definieren. Listing 4 zeigt ein Programmbeispiel, in dem die Funktion
fct(...) definiert wird. Anstelle der Argumente steht hier (...).

Beim Aufruf der Funktion werden an dieser Stelle ein oder mehrere Argumente
stehen, die in einer Tabelle abgelegt werden. Der Aufruf erfolgt über den (nicht
sichtbaren) Parameter arg. Neben den Argumenten steht in der Tabelle auch
noch ein Feld mit der Anzahl der Argumente.

Die Tabelle arg wird mit einem so genannten Iterator for i,v in
ipairs(arg) gelesen. Die Erläuterung hierzu erfolgt später. Es werden dann
Index i und Wert v in einer Zeile ausgegeben. Der Vorgang wiederholt sich bis
an das Tabellenende. Abbildung 12 zeigt die Ausgaben des Skripts *args.lua* am
Bildschirm.

```
----------------------------------------------------------------------
-- Functions with indeterminated number of arguments
----------------------------------------------------------------------

function fct (...)
      for i,v in ipairs(arg) do
            print (i,v) -- print table of arguments line by line
      end
      print() -- new line
end

fct(1,2,101,100,5)
fct(7,11,2)
```

Listing 4 Quelltext *args.lua*

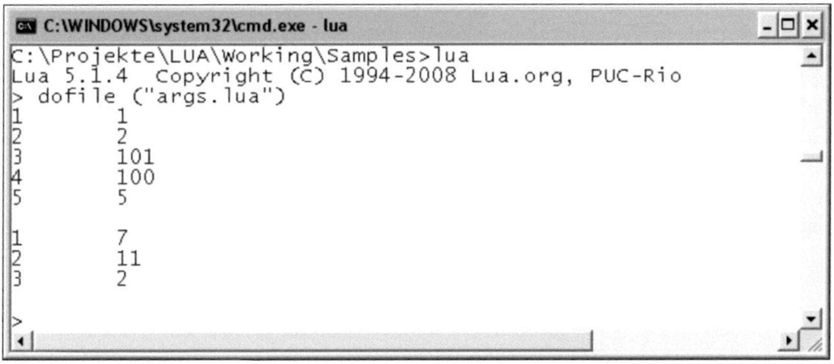

Abbildung 12   Aufruf und Ausgaben des Skripts *args.lua*

Eine andere Möglichkeit zum Lesen der Tabelle `arg` besteht darin, die Länge der Tabelle über `select` (`'#'`, `...`) festzustellen und dann über `select` (`i`, `...`) auszulesen. Listing 5 zeigt das betreffende Programmbeispiel *args2.lua.*

```
----------------------------------------------------------------------
-- Functions with undeterminated number of arguments
----------------------------------------------------------------------

function fct(...)
      for i=1, select('#', ...) do
            local arg = select(i, ...)
            if arg == nil then
                  io.write("nil ")
            else
```

29

```
            io.write (arg, " ")
        end
    end
            io.write("\n")
end

print("Function with 3 numeric parameters")
fct(1,2,3)

function f (a) -- simple increment function as an example
    return a+1
end

print("\nFunction f(5) = ", f(5))

print("\nFunction with 9 mixed parameters")
fct(5,8,2,5,"text",6,9,f(5),0)
```

Listing 5   Quelltext *args2.lua*

Die Argumentenliste muss nicht nur numerische Daten enthalten. Die Länge der Tabelle wird nicht durch das erste Auftreten eines Nil, sondern durch den Längenparameter # bestimmt. Den Aufruf und die Ausgaben des Skripts *args2.lua* zeigt Abbildung 13.

Die zwei Funktionsaufrufe in Listing 5 zeigen die Behandlung der unterschiedlichen Argumente. Beim Aufruf `fct(1,2,3)` werden drei numerische Argumente übergeben, die in Abbildung 13 auch nacheinander ausgegeben werden.

Beim zweiten Aufruf `fct(5,8,2,5,"text",6,9,f(5),0)` werden zusätzlich zu den numerischen Argumenten noch ein String und eine Funktion übergeben. Die Funktion `f(a)` soll hier einfach den Wert `a` inkrementieren. Die Ausgaben in Abbildung 13 zeigen, dass der String auch als String in die Tabelle eingetragen wurde. Die übergebene Funktion wird berechnet und das Ergebnis in die Tabelle eingetragen und ausgegeben.

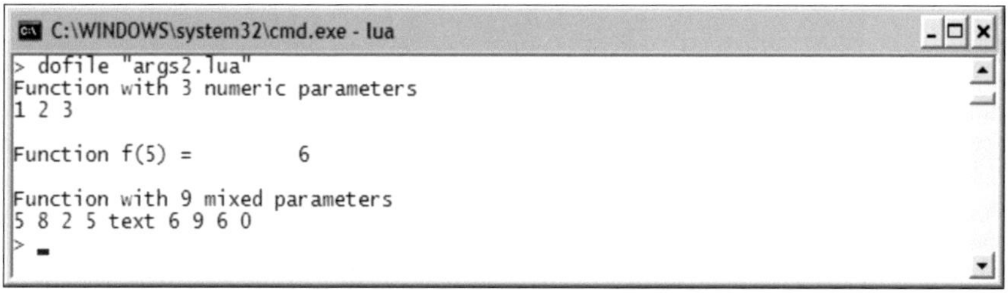

```
C:\WINDOWS\system32\cmd.exe - lua                        _ □ ×
> dofile "args2.lua"
Function with 3 numeric parameters
1 2 3

Function f(5) =          6

Function with 9 mixed parameters
5 8 2 5 text 6 9 6 0
> ■
```

Abbildung 13   Aufruf und Ausgaben des Skripts *args2.lua*

6.2.2   Mehrere Rückgabewerte

Eine weitere Besonderheit von Lua sind Funktionen mit mehr als einem Rückgabewert. In Listing 6 ist das Beispiel *functions1.lua* gezeigt, bei dem die Funktion minmax() den kleinsten und den größten Wert einer Tabelle zurückgibt.
Der Funktion minmax() kann eine beliebige Anzahl an Werten übergeben werden.


```
-----------------------------------------------------------
-- Functions with more then one return value
-----------------------------------------------------------
-- function minmax(table)
-- return min_value, max_value
function minmax(...)
    local vmin, vmax

    for i,v in ipairs{...} do
        if vmax == nil or v > vmax then
            vmax = v
        end
        if vmin == nil or v < vmin then
            vmin = v
        end
    end
    return vmin, vmax
end

vmin, vmax = minmax(4, 1, 6, 1, 8 ,5 , 8, 3)

print(vmin, vmax)
print(vmin)
print(vmax)
```

Listing 6 Quelltext *functions1.lua*

31

Die der Funktion `minmax()` übergebene Tabelle wird über den noch zu erläuternden Iterator `ipairs()` Eintrag für Eintrag nach dem Minimal- bzw. Maximalwert untersucht. Sind Minimal- bzw. Maximalwert nicht initialisiert oder ist der Eintrag kleiner als der Minimalwert resp. größer als der Maximalwert werden Minimal- bzw. Maximalwert aktualisiert. Abbildung 14 zeigt Aufruf und Ausgaben des Skripts *functions1.lua*.

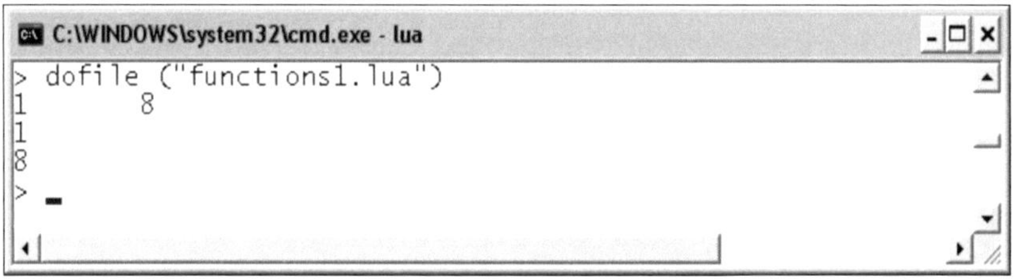

Abbildung 14 Aufruf und Ausgaben des Skripts *functions1.lua*

6.2.3 Variablen und Datentypen

Variablen müssen in Lua nicht deklariert werden. Sie werden bei Bedarf automatisch erzeugt. Die Variablen sind nicht typgebunden. Der Typ ist implizit vom Wert, den sie vertreten, definiert.

Ändert sich der Wert einer Variablen, passt sich der Typ automatisch an. Alle Variablen sind global, außer sie werden als lokal definiert.

Lua kennt die Datentypen String (Zeichenketten), Zahl (Gleitkommazahl doppelter Genauigkeit), Boolean (wahr oder falsch), Nil (die Variable hat keinen Wert), Funktion und Tabelle. Uninitialisierte Variable haben den Wert Nil.

Listing 7 zeigt das Programmbeispiel *types.lua* zur Variablendeklaration.

```
a = 1.5;    print(type(a), a)
b = "2";    print(type(b), b)
b = a + b;  print(type(b), b)
f = print;  f(type(f))
b = b - "a"
```

Listing 7 Quelltext *types.lua*

32

In der ersten Zeile von Listing 7 wird der Variablen a die Zahl 1.5 zugewiesen, was den Typ number zur Folge hat. Danach werden mit der Funktion print() der Typ und der Wert der Variablen a ausgegeben.

Aufeinanderfolgende Anweisungen müssen nicht mit einem Separator getrennt werden. Lua erlaubt aber die Verwendung des Semikolons am Ende einer Anweisung zur besseren Lesbarkeit.

In der zweiten Zeile wird der Variablen b der String "2" zugewiesen und der Typ ist folglich string.

In der dritten Zeile sollen nun die numerische Variable a und die String-Variable b addiert werden. Lua versucht den String in eine Zahl zu konvertieren, um die arithmetische Operation auszuführen. Das Ergebnis ist vom Typ number. Kann die String-Variable nicht konvertiert werden wie in Zeile 5, dann erfolgt eine Fehlermeldung.

Diese automatische Typkonvertierung wird Coercion genannt. In der vierten Zeile wird der Variablen a eine Referenz auf die Funktion print zugewiesen, danach wird die von a referenzierte Funktion mit dem Parameter type(a) aufgerufen. Abbildung 15 zeigt die Ausgaben des Skripts *types.lua*.

```
C:\WINDOWS\system32\cmd.exe - lua

> dofile ("types.lua")
number   1.5
string   2
number   3.5
function
types.lua:5: attempt to perform arithmetic on a string value
stack traceback:
        types.lua:5: in main chunk
        [C]: in function 'dofile'
        stdin:1: in main chunk
        [C]: ?
>
```

Abbildung 15   Aufruf und Ausgaben des Skripts *types.lua*

6.2.4   Tabellen und Arrays

Tabellen in Lua sind assoziative Arrays. Ein assoziatives Array ist ein Array, das als Index nicht nur Zahlen, sondern auch Strings oder alle anderen Datentypen (außer Nil) verwendet. Die Tabellen habe keine feste Größe. Man kann zur Laufzeit beliebig viele Elemente hinzufügen.

Einmal erzeugte Tabellen müssen nicht explizit freigegeben werden. Der in Lua integrierte Garbadge Collector löscht alle nicht mehr benötigten Variablen und Tabellen.

Lua realisiert Records oder Structs, indem man den Index als Feldname verwendet. Der Ausdruck a["x"] ist identisch mit a.x.

Wird eine Tabelle als Array verwendet, kann man sie (wie in C) mit einer for-Schleife durchlaufen. Das funktioniert aber nur, wenn die Indizes numerisch und fortlaufend sind.

```
t = {3, 2, 1}    -- Create a table and initialize with values 3, 2, 1
for i=1,#t do print(t[i]) end
--> 3 2 1
```

Tabellen mit nicht fortlaufenden Indizes muss man mit den Iteratoren ipairs() oder pairs() durchlaufen. Für Arrays verwendet man die Funktion ipairs(). Für alle anderen Tabellen verwendet man pairs().

Die Iteratoren ipairs() und pairs() liefern immer den Index und den dazugehörigen Wert. Bei der Funktion pairs() ist aber nicht definiert, in welcher Reihenfolge über die Tabelle iteriert wird.

```
t = {["x"] = 5, ["y"] = 7}
for i, v in pairs(t) do print(i, v) end
--> y 7 x 5
```

Zu weitergehenden Erläuterungen zu Iteratoren müssen wir auf Abschnitt 6.2.5 verweisen.

An dieser Stelle sollen die bislang beschriebenen Bestandteile von Lua in dem etwas komplexeren Programmbeispiel *statistics.lua* zusammen gefasst werden (Listing 8).

Von einem Temperatursensor werden im Sekundentakt Messwerte erfasst und in das Array values abgespeichert. Die Abfrage des Sensors wird hier durch Abruf einer Pseudo-Zufallszahl mit Hilfe der Math Library simuliert.

Die Dauer der Messwerterfassung ist durch die Variable duration festgelegt. Anschließend wird die erzeugte Tabelle am Bildschirm ausgegeben, bevor die statistischen Werte (Minimum, Maximum und Mittelwert) ermittelt und ebenfalls ausgegeben werden.

Als letzte Aktion werden die erhobenen Daten in ein Logfile *data.log* geschrieben. Die Daten sind durch Tabulatoren voneinander separiert, so dass sie mühelos in eine Tabellenkalkulation importiert werden können.

```
-----------------------------------------------------------------
-- Calculates Min, Max and Mean Value from an Array of
-- Measuring Results
-----------------------------------------------------------------
duration = 10 -seconds

function statistics(values)
  local minimum, maximum
  local sum_t = 0
  for i=1,#values do
    if maximum == nil or values[i].t > maximum then
      maximum = values[i].t
    end
    if minimum == nil or values[i].t < minimum then
      minimum = values[i].t
    end
    sum_t = sum_t + values[i].t
  end
  return minimum, maximum, sum_t / #values
end


-----------------------------------------------------------------
-- Reads Temperature Value from simulated Sensor
-----------------------------------------------------------------
function readTemperature()
  io.write(".")
  -- simulates temperatures between 10 and 30 degrees
  return math.random(10, 30)
End


-----------------------------------------------------------------
-- Reads Temperature Values over 'duration' of Seconds and
-- saves it with Time Stamp in Table 'values'
-----------------------------------------------------------------
io.write("Sample Measuring Data...")
values = {}
while #values < duration do
  now = os.time() -- resultion is one second
  if lastRead ~= now then
    values[#values+1] = {
      t = readTemperature(),
      date = os.date("%Y-%m-%d"),
      time = os.date("%X") }
    lastRead = now
  end
end


-----------------------------------------------------------------
-- Output of Measuring Results
-----------------------------------------------------------------
io.write("\nMeasuring Results:\n")
```

```
for i=1,#values do
  io.write(values[i].date.."\t"..values[i].time.."\t"..values[i].t.."\n")
end


---------------------------------------------------------
-- Output of Min, Max and Mean Value
---------------------------------------------------------
print(string.format("Tmin=%i, Tmax=%i Taverage=%i", statistics(values)))


---------------------------------------------------------
-- Saves Data in csv File readable by Microsoft Excel
---------------------------------------------------------
file = assert(io.open("data.log", "w+"))
for i=1,#values do
  file:write(values[i].date.."\t"..values[i].time.."\t"..values[i].t.."\n"
)
end
file:close()
print("Measuring Data saved in Log File.")
```

Listing 8 Quelltext *statistics.lua*

Abbildung 16 zeigt Aufruf und Ausgabe des Skripts *statistics.lua* am Bildschirm,
während Abbildung 17 die in Microsoft Excel importierten Daten darstellt.

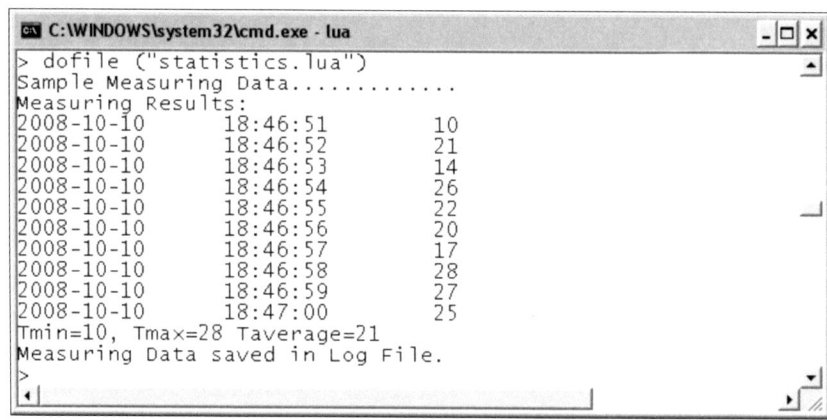

Abbildung 16   Aufruf und Ausgaben des Skripts *statistics.lua*

36

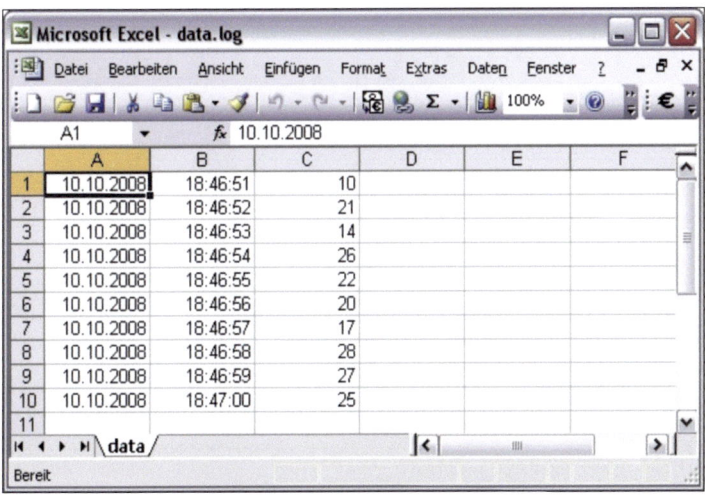

Abbildung 17 Importierte Daten

6.2.5 Iteratoren

Iteratoren spielen in Lua eine zentrale Rolle, da sie es ermöglichen, alle (Schlüssel, Wert) - Paare einer Tabelle zu durchlaufen. Es gibt zwei Möglichkeiten, um durch eine Tabelle (Array, Liste) zu iterieren. Unterschieden werden „normale" und „generische" for-Schleifen.

Den grundsätzlichen Aufbau einer Tabelle mit Schlüssel- und Wertpaaren (key, value) zeigt Tabelle 1. Table kennzeichnet dabei den allgemeinen Aufbau, während list2 eine später noch verwendete Liste mit „Löchern" darstellt.

table		list2	
key1	value1	1	nil
key2	value2	2	1
key3	value3	3	nil
key4	value4	4	nil
key5	value5	5	nil
key6	value6	6	2
key7	value7	7	nil
key8	value8	8	3

Tabelle 1   Aufbau einer Tabelle

Für unsere folgenden Programmbeispiele bilden wir drei unterschiedliche Tabellen (*list1*, *list2*, *list3*).

```
Fortlaufende Liste      Liste mit Löchern       Keys als String
list1 = {}              list2 = {}              list3 = {}
list1[1] = 1            list2[2] = 1            list3["eins"] = 1
list1[2] = 2            list2[6] = 2            list3["zwei"] = 2
list1[3] = 3            list2[8] = 3            list3["drei"] = 3
```

Tabelle `list1` kann wie in C mit einer for-Schleife durchlaufen werden. Listing 9 zeigt den Quelltext *bsp1.lua*, während Abbildung 18 Aufruf und Ausgaben des Skripts zeigen.

```
list1 = {}
list1[1] = 1
list1[2] = 2
list1[3] = 3

for i = 1, #list1 do
  print("list1["..i.."]=", list1[i])
end
```

Listing 9   Quelltext *bsp1.lua*

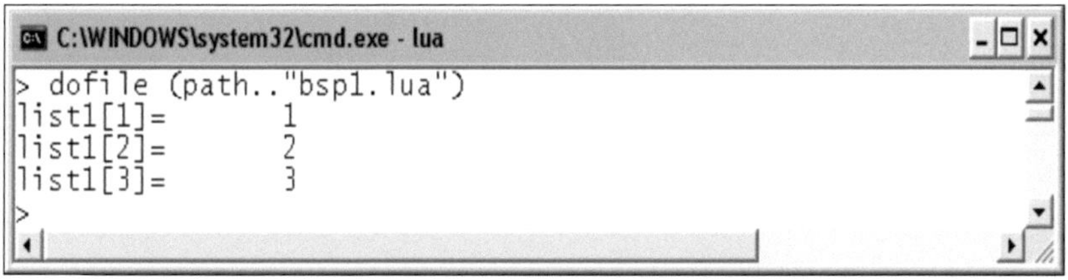

```
C:\WINDOWS\system32\cmd.exe - lua
> dofile (path.."bsp1.lua")
list1[1]=          1
list1[2]=          2
list1[3]=          3
>
```

Abbildung 18   Aufruf und Ausgaben des Skripts *bsp1.lua*

Der Operator # liefert den Index des letzten Elements der Tabelle, das nicht Nil ist. Der Operator # startet die Iteration mit dem Index 1.

Das funktioniert aber nur, wenn die Liste bei 1 beginnt, keine Löcher hat und die Indizes numerisch sind.

Unsere Tabelle list2 erfüllt diese Bedingungen nicht, denn ihre Initialisierung erfolgte nicht lückenlos.

Die Funktion table.maxn(t) liefert den höchsten Index der Tabelle t zurück, die noch einen Eintrag hat. Für die Liste list2 liefert table.maxn(list2) z.B. 8 zurück. Listing 10 zeigt den Quelltext *bsp2.lua*, während Abbildung 19 wieder Aufruf und Ausgaben des Skripts zeigen.

```
list2 = {}
list2[2] = 1
list2[6] = 2
list2[8] = 3

for i = 1, table.maxn(list2) do
  print("list2["..i.."]=", list2[i])
end
```

Listing 10   Quelltext *bsp2.lua*

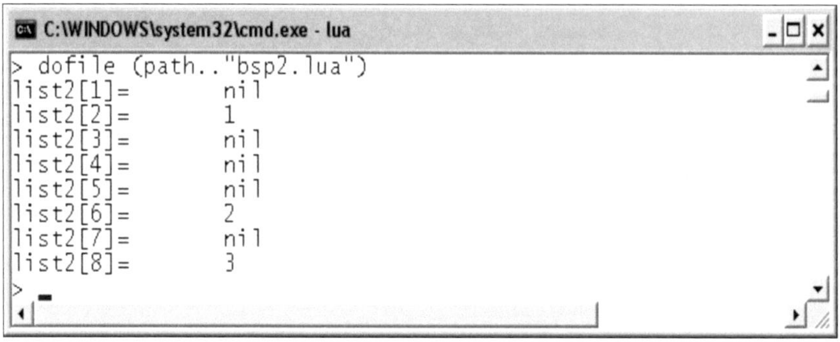

```
C:\WINDOWS\system32\cmd.exe - lua                  -|□|x|
> dofile (path.."bsp2.lua")
list2[1]=         nil
list2[2]=         1
list2[3]=         nil
list2[4]=         nil
list2[5]=         nil
list2[6]=         2
list2[7]=         nil
list2[8]=         3
>
```

Abbildung 19   Aufruf und Ausgaben des Skripts *bsp2.lua*

Um durch Tabellen zu iterieren, die nicht die oben angegebenen Bedingungen erfüllen, muss die „generische" for-Schleife verwendet werden.

Tabelle list3 verwendet keine numerischen Indizes als Keys, sondern Strings. Hier führt der Einsatz der Funktion pairs(list3) zum Ziel.

Mit dem generischen for kann man durch jede Tabelle iterieren, aber es ist nicht definiert, in welcher Reihenfolge durch die Liste iteriert wird. Listing 11 zeigt den Quelltext *bsp3.lua*, während Abbildung 20 wieder Aufruf und Ausgaben des Skripts zeigen.

```
list3 = {}
list3["eins"] = 1
list3["zwei"] = 2
list3["drei"] = 3

for key, value in pairs(list3) do
  print("list3["..key.."]=", value)
end
```

Listing 11   Quelltext *bsp3.lua*

40

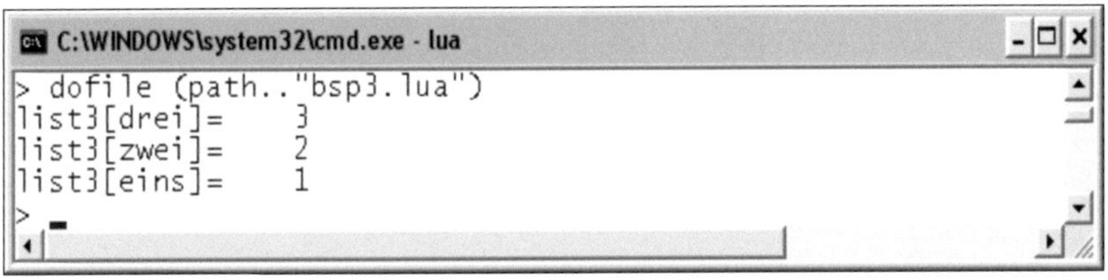

```
⬛ C:\WINDOWS\system32\cmd.exe - lua                    _ □ x
> dofile (path.."bsp3.lua")
list3[drei]=    3
list3[zwei]=    2
list3[eins]=    1
>
```

Abbildung 20 Aufruf und Ausgaben des Skripts *bsp3.lua*

In Lua gibt es weitere Iteratoren, die hier nicht alle betrachtet werden können.
Der Iterator lines wird beim Filezugriff verwendet. In Abschnitt 6.3.1 werden
wir uns diesen Iterator noch genauer ansehen.

6.3 Lua Libraries

Lua kommt mit einer Reihe von Standard-Bibliotheken (Libraries), die in Tabelle
2 aufgelistet sind.

Name	Funktionalität
std	Basisfunktionen, wie *dofile*, *assert*, *error*, etc.
math	Mathematische Funktionen
string	String Manipulation
table	Tabellen Manipulation
os	Betriebssystem
io	Ein-/Ausgabe
package	Verwaltet Bibliotheken
debug	Debugging
coroutine	Coroutine Manipulation

Tabelle 2 Lua Standard-Bibliotheken

In den folgenden Abschnitten wollen wir die IO Bibliothek und die String Bibliothek etwas genauer betrachten. Von der Math(ematik) Bibliothek werden wir
ebenfalls Gebrauch machen.

41

6.3.1 IO Library

Mit Lua kann man Dateien erzeugen, lesen und schreiben. Mit Lua kann man zwar auch binäre Dateien bearbeiten, aber besonders komfortabel kann man Textdateien lesen und schreiben. Funktionen, die das Lesen und Schreiben von Dateien unterstützen, sind in der IO Bibliothek implementiert

Eine Datei wird mit der Funktion `io.open(filename, mode)` geöffnet. Diese Funktion liefert ein Dateiobjekt (Filehandle) zurück. Mit diesem Objekt kann man anschließend die Datei lesen oder schreiben.

Listing 12 zeigt ein Programmbeispiel *bsp4.lua*, bei dem die drei Tabellen `sinus`, `cosinus` und `tangens` angelegt werden. In einer for-Schleife werden die drei Tabellen mit den berechneten Werten initialisiert. Der Wert π wird durch den Aufruf `math.pi` aus der Mathematik Bibliothek geholt. Ebenso erfolgen die Berechnungen der Winkelfunktionen über die Aufrufe `math.sin()` etc.

Um die berechneten Zahlenwerte in einer Datei abzuspeichern wird dieses über die Anweisung `file = assert(io.open("`*my.csv*`", "w+"))` zum Schreiben geöffnet. Der Dateiname *my.csv* ist hier fest vorgegeben.

Schlägt das Öffnen der Datei fehl, dann ist das Argument der Funktion `assert()` false und Lua erzeugt einen Fehler. Anderenfalls übergibt `assert()` der Variablen `file` einfach einen File Handle.

In einer weiteren for-Schleife können nun die berechneten Werte über `file:write(i.. .."\n")` zeilenweise in die Datei geschrieben werden. Zum Abschluss ist die Datei über `file:close()` noch zu schließen.

Damit beim Test des Programms überhaupt etwas zu sehen ist, wurden zwei Ausgaben eingebaut. Bevor die Tabellen erzeugt werden, zeigt die erste Ausgabe `print` („`Generates tables...`") diese Stelle im Programmablauf an.

Das Programmende wird ebenfalls durch eine Ausgabe gekennzeichnet, bei der die Zahl der abgespeicherten Zeilen berechnet und ausgegeben wird. Abbildung 21 zeigt den Aufruf und die Ausgaben des Skripts *bsp4.lua*.

```lua
sinus   = {}
cosinus = {}
tangens = {}

print ("Generate tables...")
for I = 0, 2*math.pi, 0.01 do
  sinus[i]   = math.sin(i)
  cosinus[i] = math.cos(i)
  tangens[i] = math.tan(i)
end
file = assert(io.open("my.csv", "w+"))
for i=0, 2*math.pi, 0.01 do
```

```
file:write(i .. "\t" .. sinus[i] .. "\t" .. cosinus[i] .. "\t" ..
tangens[i] .. "\n")
end

file:close()

number = math.modf(2*math.pi/0.01)
print (number.." lines written into file")
```

Listing 12   Quelltext *bsp4.lua*

Auf einige Besonderheiten im Quelltext soll noch hingewiesen werden:

- Der Index der for-Schleifen ist eine Gleitkommazahl (float), wodurch auch der Index der berechneten Tabellen `sinus`, `cosinus` und `tangens` vom Typ float ist. Eine Beschränkung auf ganzzahlige Indizes ist nicht gegeben.

- „\t" kennzeichnet einen Tabulator, „\n" steht für den Zeilenumbruch (CR/LF)

- Der Doppelpunkt bei `file:write()` muss sein, weil `file` ein Objekt ist (eine Instanz der Klasse file)

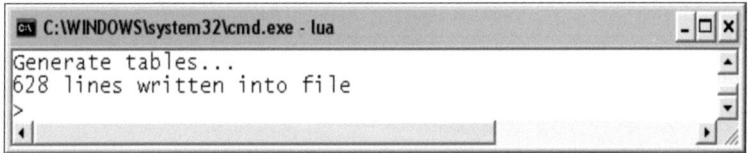

Abbildung 21   Aufruf und Ausgaben des Skripts *bsp4.lua*

Listing 13 zeigt nun das Programmbeispiel *bsp5.lua*, bei dem die abgespeicherten Werte aus der Datei *my.csv* zurück gelesen, ausgegeben und in die drei Tabellen `sinus`, `cosinus` und `tangens` zurück geschrieben werden.

Nachdem die Datei zum Lesen geöffnet wurde, kann die Datei zeilenweise gelesen werden. Mit Hilfe der for-Schleife (`for line in file:lines() do…`) wird die zum Lesen geöffnete Datei Zeile für Zeile gelesen. Die Variable `line` enthält jeweils eine Zeile der Datei. `File:lines()` ist ein weiterer Iterator.

Mit der Funktion `string.match()` aus der String Bibliothek wird jede gelesene Zeile nach einem Muster durchsucht.

Das Muster hier besteht aus vier durch Tabulatoren („\t") getrennte Gleitkommazahlen. Passt das Muster, dann werden die Inhalte den Stringvariablen `i`, `s`, `c` und `t` zugewiesen und anschließend ausgegeben.

Um die gelesenen Werte wieder den Tabellen `sinus`, `cosinus` und `tangens` zuzuordnen, werden die Strings noch durch die Funktion `tonumber()` Zahlen konvertiert.

```lua
sinus   = {}
cosinus = {}
tangens = {}

file = assert(io.open("my.csv", "r"))
for line in file:lines() do
    i,s,c,t = string.match(line, "(-?%d+.?%d*)\t(-?%d+.?%d*)\t(-
?%d+.?%d*)\t(-?%d+.?%d*)")
    print(i,s,c,t)
    sinus[i]   = tonumber(s);
    cosinus[i] = tonumber(c);
    tangens[i] = tonumber(t);
end
file:close()
```

Listing 13   Quelltext *bsp5.lua*

Abbildung 22 zeigt einen Auszug der ausgegebenen Zahlenwerte beim Einlesen der Datei *my.csv*.

```
C:\WINDOWS\system32\cmd.exe - lua
4.5099999999999  -0.97958916442836   -0.20101012147291    4.8733325329609
4.5199999999999  -0.98155025309151   -0.19120434267035    5.1335144347833
4.5299999999999  -0.9834131875473    -0.18137944359286    5.4218557961548
4.5399999999999  -0.98517778150385   -0.17153640672216    5.7432576578308
4.5499999999999  -0.98684385850323   -0.16167621635374    6.1038282609489
4.5599999999999  -0.98841125193912   -0.15179985849841    6.511279138969
4.5699999999999  -0.9898798050735    -0.14190832078373    6.9754881151903
```

Abbildung 22   Ausgaben des Skripts *bsp5.lua* (Auszug)

6.3.2   String Library

Strings werden in " " oder ' ' geschrieben. Beide Schreibweisen sind gleichbedeutend. Mit dem Operator `..` können zwei Strings aneinandergehängt werden. Beim Zusammenhängen von zwei Strings wird immer ein neuer String erzeugt.

Funktionen, die Strings manipulieren, sind in der Bibliothek String implementiert.

Die Bibliothek String bietet Funktionen für:

- Finden, Ausschneiden und Ersetzen von Teilstrings

- Konvertieren in Uppercase (Grossbuchstaben) / Lowercase (Kleinbuchstaben)

- Funktionen zum Formatieren von Strings, ähnlich printf() in C

- Funktionen zum Finden und Ersetzen von Teilstrings mit Hilfe von Regulären Ausdrücken

Die Funktion `string.len(s)` gibt die Länge des Strings s zurück. Mit den Funktionen `string.upper(s)` bzw. `string.lower(s)` werden alle Zeichen im String s in Grossbuchstaben bzw. Kleinbuchstaben konvertiert.

Die Funktion `string.sub(s, i, j)` liefert eine Kopie des Teilstrings beginnend an der i-ten Stelle bis zum j-ten Zeichen inklusive. i und j können auch negativ sein, dann wird von hinten gezählt.

Die Funktion `string.find(s, pattern, 1, true)` liefert die Indizes wo das Pattern beginnt und wo es aufhört.

Mit `string.format(s, ...)` kann man schön formatierte Strings erzeugen ähnlich wie mit `printf()` in C.

Einfache Stringmanipulationen sind im Programmbeispiel *bsp6.lua* enthalten (Listing 14). Abbildung 23 zeigt den Aufruf und die Ausgaben des Skripts.

```
s1 = "Das ist ein "
s2 = 'ganzer Satz.'
s  = s1 .. s2

print(s)
istart, iend = string.find(s, "ganzer ", 1, true)
len = string.len(s)
print(string.sub(s, 1, istart-1) .. string.sub(s, iend - len))
print(string.format("istart=%04d iend=% 4d len=%i iend-len=%i", istart,
iend, len, iend - len))
```

Listing 14 Quelltext *bsp6.lua*

45

```
CM  C:\WINDOWS\system32\cmd.exe - lua                    - □ ×
> dofile (path.."bsp6.lua")
Das ist ein ganzer Satz.
Das ist ein Satz.
istart=0013 iend=  19 len=24 iend-len=-5
> _
```

Abbildung 23   Aufruf und Ausgaben des Skripts *bsp6.lua*

6.3.3   Reguläre Ausdrücke

Ein Regulärer Ausdruck ist eine Zeichenkette, die der Beschreibung von Mengen bzw. Untermengen von Zeichenketten mit Hilfe bestimmter syntaktischer Regeln dient.

Reguläre Ausdrücke stellen erstens eine Art Filterkriterium für Texte dar, indem der jeweilige reguläre Ausdruck in Form eines Musters mit dem Text verglichen wird.

So ist es beispielsweise möglich, alle Wörter, die mit S beginnen und mit D enden, zu matchen (engl. „to match" – „auf etwas passen", „übereinstimmen", „eine Übereinstimmung finden"), ohne die dazwischen liegenden Buchstaben explizit vorgeben zu müssen.

Ein weiteres Beispiel für den Einsatz als Filter ist die Möglichkeit, komplizierte Textersetzungen durchzuführen, indem man die zu suchenden Zeichenketten durch reguläre Ausdrücke beschreibt.

Zweitens lassen sich aus regulären Ausdrücken, als eine Art Schablone, auch Mengen von Wörtern erzeugen, ohne jedes Wort einzeln angeben zu müssen. So lässt sich beispielsweise ein Ausdruck angeben, der alle denkbaren Zeichenkombinationen (Wörter) erzeugt, die mit S beginnen und mit D enden [7]. Um mit Regulären Ausdrücken etwas zu experimentieren soll noch auf [8] verwiesen werden.

Elemente eines Regulären Ausdrucks:

* Magische Zeichen : ( ) . % + - * ? [ ] ^ $

* Zeichenauswahl / Zeichenklassen

* Repetitoren : + * ?

Mit eckigen Klammern lässt sich eine Zeichenauswahl definieren ([und]). Der Ausdruck in eckigen Klammern steht dann für genau ein Zeichen aus dieser Auswahl. Z.B. wird mit [0-9] eine Zahl von 0 bis 9 erwartet.

```
s = "Heute ist der 16.12.2008"
m = "[0-9][0-9]%.[0-9][0-9]%.[0-9][0-9][0-9][0-9]"
```

```
print(string.match(s, m))
--> 16.12.2008
```

Da der Punkt (.) ein Magisches Zeichen ist, muss ein Escape-Zeichen (%) vorangestellt werden, damit ein Punkt ausgewählt wird.

Die häufigsten Zeichenklassen sind in Lua bereits vordefiniert:

%a	Buchstaben [A-Z a-z]
%d	Zahlen [0-9]
%s	Leerzeichen (Leerschlag, Tabulator)
%w	Zahlen und Buchstaben

Das obige Beispiel lässt sich mit Zeichenklassen auch so schreiben:

```
s = "Heute ist der 16.12.2008"
m = "%d%d%.%d%d%.%d%d%d%d"
print(string.match(s, m))
--> 16.12.2008
```

Mit + * und ? kann man angeben wie oft eine Zeichenklasse wiederholt wird.

+	eine oder mehrere Wiederholungen
*	keine oder mehrere Wiederholungen
?	keine oder eine Wiederholung

Damit kann man das Muster für das Datum kürzer und eleganter schreiben:

```
s = "Heute ist der 16.12.2008"
m = "%d+%.%d+%.%d+"
print(string.match(s, m))
--> 16.12.2008

s = "Heute ist der 1.1.09"
print(string.match(s, m))
--> 1.1.09
```

Mit Captures können die Teile aus Strings herausgelöst und weiterverarbeitet werden, welche das angegebene Muster erfüllen. Captures werden in runden Klammern angegeben.

```
s = "Heute ist der 1.1.09"
m = "(%d+)%.(%d+)%.(%d+)"
```

```
tag, monat, jahr = string.match(s, m)
print(tag, monat, jahr)
--> 11  09
```

6.3.4   Datenextraktion aus Tracefiles

Anhand eines komplexen Tracefiles, soll gezeigt werden wie man mit wenigen Zeilen Lua Code eine solche Datei parst und die Daten zur weiteren Verarbeitung in eine CSV-Datei konvertiert werden können. Ausgangspunkt ist ein reales Tracefile eines Laborgerätes zur Probenaufreinigung für die molekulare Diagnostik [2][9].

Abbildung 24 zeigt den betreffenden Worktable mit bestückten Consumables (Plastik-Verbrauchsmaterial). Es sind folgende Bereiche markiert:

1	Sample Input	6	Eluation Slots
2	Robitic Arm	7	Filtertips
3	Heated Lysis Station/Shaker	8	Reagent Cartridges
4	Purification Station	9	Sample Prep Cartridges & Rod Covers
5	Cooled Eluation Slot	10	Waste Compartement

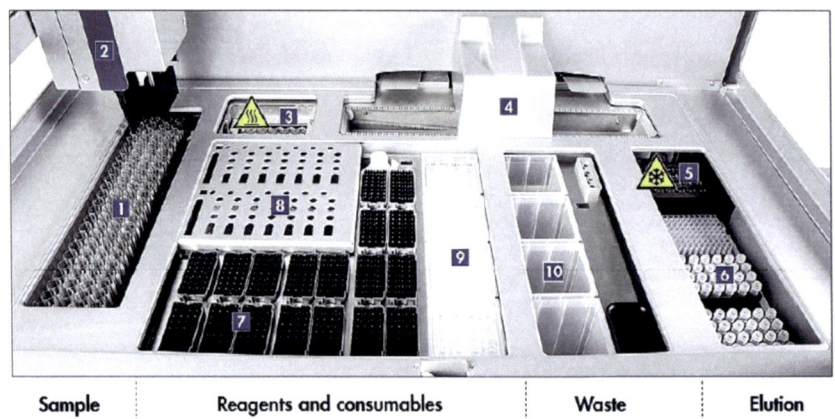

Abbildung 24   QIAsymphony Worktable

Ein Laser tastet die Oberfläche des Worktables ab, um an Hand des Abtastprofils herauszufinden, welche Consumables auf dem Worktable vorhanden sind.

Alle Messwerte werden in ein Tracefile abgelegt, die Messwerte sind immer dreistellig (200-999) und auf mehrere Zeilen verteilt. Der folgende Ausschnitt aus einem Tracefile zeigt die zu extrahierenden Daten:

```
12-08-08 12:37:43,121 [7749639] DEBUG Loadcheck.CLoadcheckScanData
<> - static const int RB_ENZYMES_M2_S1_2_X_SCANDATA[] = { // Consumable-
Drawer$Reagentbox-1$#10: No cap detected.
12-08-08 12:37:43,122 [7749639] DEBUG Loadcheck.CLoadcheckScanData
<> -
420,418,421,420,419,420,420,419,419,419,419,419,420,419,420,421,420,420,5
02,503,
12-08-08 12:37:43,123 [7749639] DEBUG Loadcheck.CLoadcheckScanData
<> -
503,502,504,504,505,504,505,506,506,500,494,493,502,515,538,554,605,603,6
03,602,
12-08-08 12:37:43,124 [7749639] DEBUG Loadcheck.CLoadcheckScanData
<> -
601,602,601,603,601,602,602,602,602,601,602,603,602,602,603,602,602,601,6
01,599,
12-08-08 12:37:43,125 [7749639] DEBUG Loadcheck.CLoadcheckScanData
<> -
601,601,601,601,601,601,602,601,600,592,591,588,577,562,563,562,562,515,5
11,520,
12-08-08 12:37:43,126 [7749639] DEBUG Loadcheck.CLoadcheckScanData
<> -
518,518,514,510,505,419,419,418,419,418,418,419,421,419,420,420,420,420,4
20,421,
12-08-08 12:37:43,127 [7749639] DEBUG Loadcheck.CLoadcheckScanData
<> - 420,419,419,419,419,419,};
```

Die Messwerte werden in drei Schritten ermittelt. Im oben gezeigten Ausschnitt des Tracefiles können diese Schritte nachvollzogen werden.

Das ganze Tracefile wird in einen einzigen String geladen.

Es werden alle Stellen gesucht, die ein static const int enthalten. Alle Zeichen zwischen den nachfolgenden geschweiften Klammern {} werden zurückgegeben und in der Variable scan abgelegt. Im oben gezeigten Ausschnitt des Tracefiles ist dieser Bereich fett markiert.

Im String scan sind nun alle Messwerte einer Messung enthalten. Jetzt werden alle dreistelligen Zahlen, nach denen ein Komma folgt als Messwerte in eine CSV-Datei geschrieben.

Listing 15 (bsp8.lua) zeigt, wie mit Hilfe nur weniger Zeilen Lua diese Aufgabenstellung gelöst werden kann. Die umfangreichen Kommentare verdeutlichen die einzelnen Schritte.

```lua
file    = assert(io.open("Trace.log", "r"))
gnuplot = assert(io.open("gnuplot.plt", "w+"))

--Die ganze Datei in den string buffer laden
buffer  = file:read("*all")

gnuplot:write("set terminal jpeg\n")
gnuplot:write("set grid\n")

--Suche nach allen Stellen die ein "static const int" enthalten.
--Der Ausdruck (%d+-%d+-%d+) liefert das Datum. %d+ passt auf eine oder
--mehrere Ziffern (0-9).
--Der Ausdruck (%d+:%d+:%d+,%d+) liefert die Uhrzeit.
--Der Ausdruck %[%d+%] liefert die Thread-ID. Da [ und ] ein spezielles
--Zeichen für die regulären Ausdrücke sind, muss es mit % escaped
--werden.
--Der Ausdruck ([%a%d_]+) liefert den namen. In [] ist eine Auflistung
--aller zu akzeptierenden Zeichen: %a für alle Buchstaben, %d für alle
--Ziffern und _ für den Unterstrich. Das + am Ende definiert, dass der
--gesuchte string ein oder mehr Zeichen lang ist.
--Der Ausdruck {([^}]+)} findet alle Zeichen die innerhalb der
--geschweiften Klammer stehen. [^}] bedeutet akzepiere alle Zeichen
--ausser }.
for date, time, name, scan in string.gmatch(buffer, "(%d+-%d+-%d+)
(%d+:%d+:%d+,%d+) %[%d+%] DEBUG Loadcheck.CLoadcheckScanData    <> %-
static const int ([%a%d_]+)%[%] = {([^}]+)}") do
  datafilename = name .. "_" .. date .. "_" .. string.gsub(time, "[:,]",
"_") .. ".csv"
  jpgfilename  = name .. "_" .. date .. "_" .. string.gsub(time, "[:,]",
"_") .. ".jpg"
  print(datafilename)

  datafile = io.open(datafilename, "w+")

  gnuplot:write("set out '"..jpgfilename.."'\n")
  gnuplot:write("plot '"..datafilename.."' with lines\n")

--Der string mit den Daten ist jetzt in der Variable scan gespeichert
--Der Ausdruck "(%d%d%d)," findet alle drei stelligen Zahlen die mit
--einem Komma enden. Alles andere wird ausgelassen.
  for value in string.gmatch(scan, "(%d%d%d),") do
     datafile:write(value);
     datafile:write("\n");
  end
  datafile:close()
end
```

```
gnuplot:close()
file:close()
```

Listing 15   Quelltext *bsp8.lua*

7.   Gnuplot

Das Visualisieren der Daten mit herkömmlichen Mitteln ist für so viele Grafiken relativ zeitaufwändig.

Gnuplot [10][11] ist ein Programm zum Zeichnen von Kurven, kann mit Skripten automatisiert werden und ist daher eher geeignet, eine solche Aufgabe im Hintergrund zu lösen.

Das Lua Skript *bsp8.lua* schreibt zusätzlich ein Gnuplot Skript *gnuplot.plt*, dass jede CSV-Datei lädt, eine Graphik daraus erstellt und diese als Bilddatei *.jpg* abspeichert. Die Datei *gnuplot.plt* wird, wie aus Abbildung 25 ersichtlich ist, aus Gnuplot heraus mit File -> Open geladen und ausgeführt.

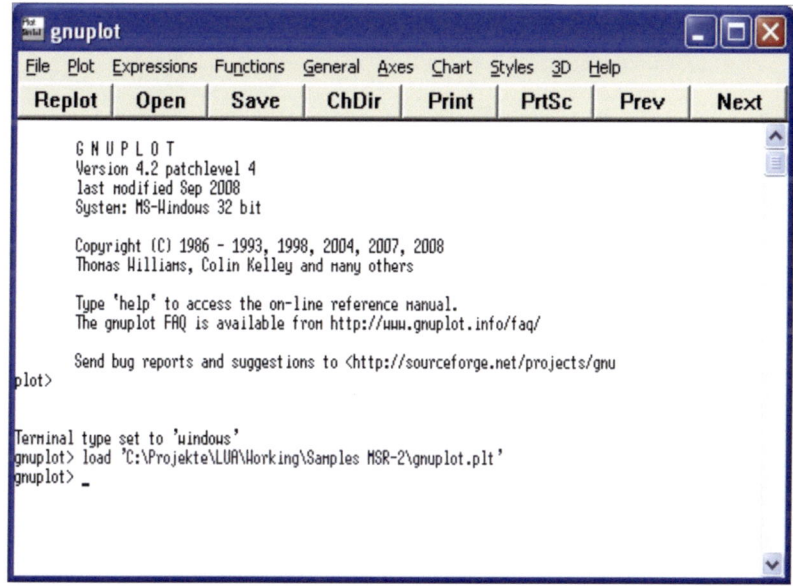

Abbildung 25   Aufruf des Skripts *gnuplot.plt*

Aus den 192 durch Lua erzeugten CSV-Dateien erzeugt Gnuplot nun innerhalb von ca. 7 Sekunden (mit einem Intel® Core™2 Duo Mobile Processor T7200 @ 2 GHz) die 192 Grafiken als JPG-Dateien. In Abbildung 26 sind isolierte Profildaten (Scanprofile) in vier verschiedenen Darstellungen beispielhaft gezeigt.

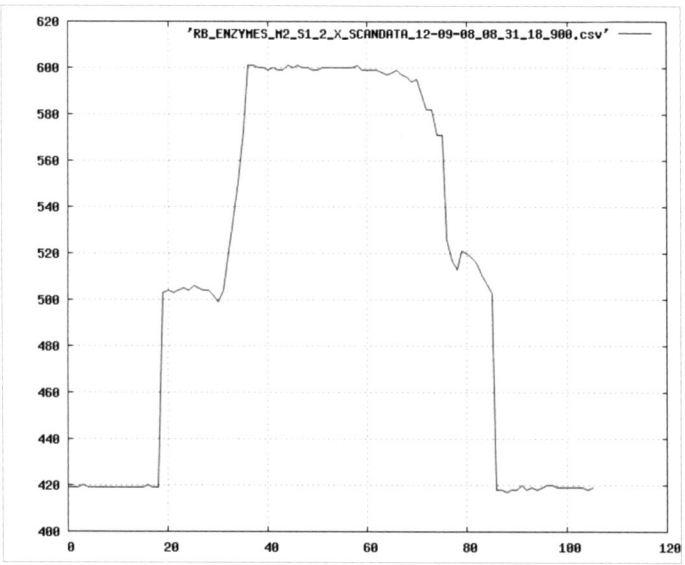

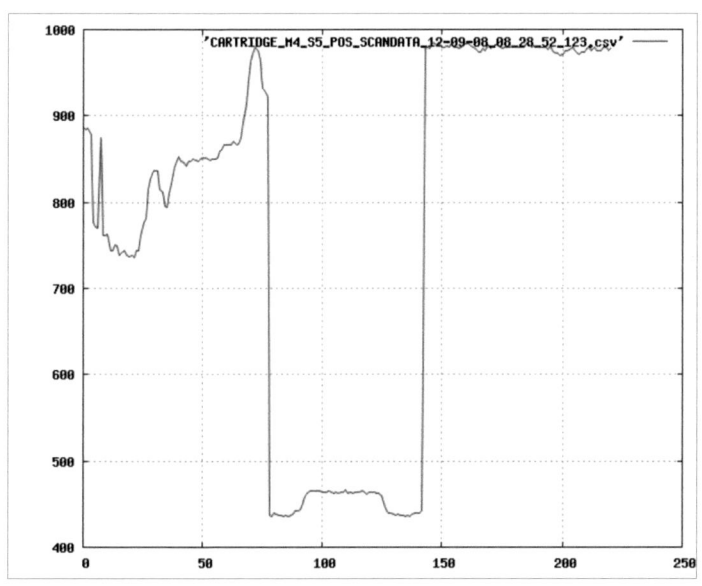

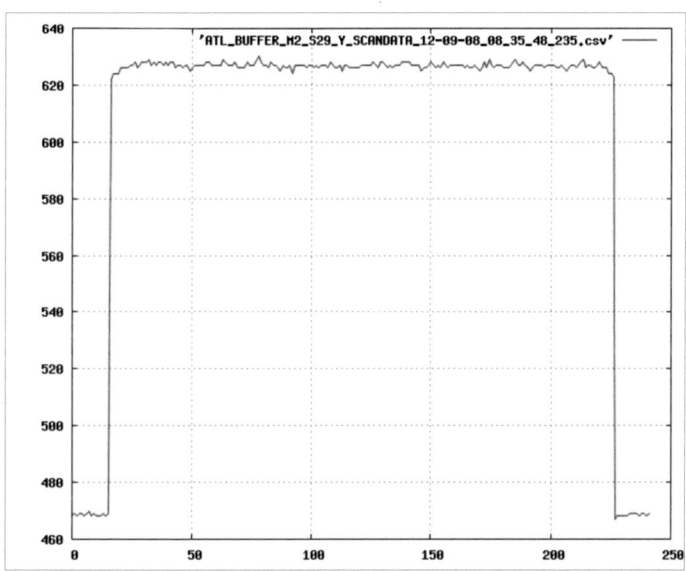

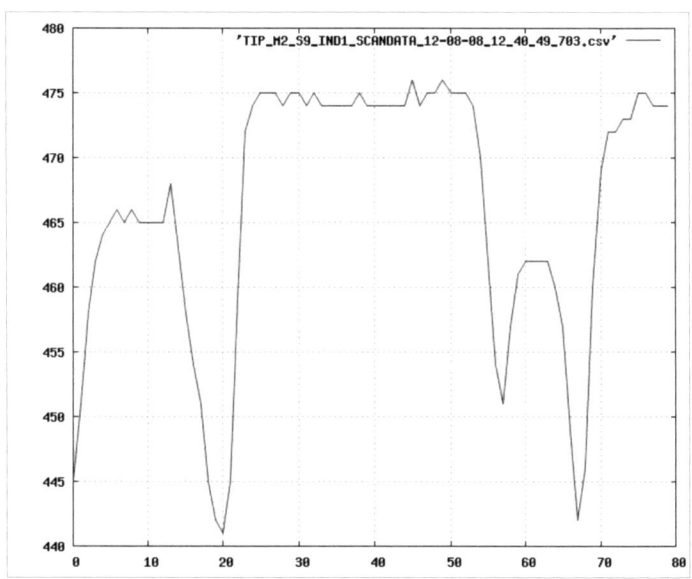

Abbildung 26 Isolierte Profildaten

Mit diesen Ausführungen zur Skriptsprache Lua wollen wir es mit der Vorstellung der Sprache selbst bewenden lassen. Die Lua Programmierumgebung lädt zu weiteren Experimenten ein.

8. Lua auf dem Windows-PC

Im diesem Kapitel wollen wir einen über USB mit einem PC verbundenen AD-DA-Umsetzer aus Lua heraus steuern. Hierzu werden wir die Ansteuerung des AD-DA-Umsetzers in C formulieren und als DLL übersetzt dem Lua-Interpreter bekannt machen, so dass die AD-DA-Umsetzung aus Lua heraus erfolgen kann.

Den umgekehrten Weg wird man in einem Embedded System gehen. Hier compiliert man den Lua-Interpreter gemeinsam mit der in C/C++ geschriebenen Anwendung und bettet diesen damit in die Applikation ein. Diesem Thema widmen wir uns dann später.

8.1 Eingesetzte Hardware

8.1.1 USB-AD

Von der BMC Messsysteme GmbH (www.bmcm.de) wird mit dem USB-AD ein komplettes Messsystem im kompakten Steckerdesign als attraktive Alternative für die bisher im Rechner integrierten PC-Messkarten angeboten.

In der Dokumentation des Herstellers [12] können die Details zum USB-AD nachgeschlagen werden. Hier werden nur die genutzten Funktionen des Systems beschrieben.

Beim USB-AD handelt sich um ein Frontend mit 16 analogen Eingängen und einer Genauigkeit von 12 Bit im Messbereich ±5 V, einem analogen Ausgangskanal und je 4 digitalen Ein-/Ausgängen.

USB-typische Merkmale, wie das Anschließen bzw. Entfernen im laufenden Betrieb (hot-pluggable), bis zu 127 anschließbare Einheiten, sowie die Stromversorgung über den USB, sind dabei selbstverständlich.

Als universelles Messsystem besticht das USB-AD durch seine auffallende kompakte Größe und ist deshalb besonders für den mobilen Einsatz geeignet.

Als kostenloses Zubehör werden für Windows® 2000/XP/Vista/7 unter anderem ein USB-Treiber und das LIBAD4 SDK zur hardware-unabhängigen Programmierung vom Hersteller bereitgestellt.

8.1.2 Treiberinstallation

Für den USB-AD ist immer eine Treiberinstallation auf dem PC erforderlich. Erst dann kann weitere Software installiert werden. Installieren Sie den Treiber bitte in der beschriebenen Reihenfolge.

Die vorherige Installation des Treiberpakets BMCM-DR auf die Festplatte des PCs erleichtert Windows die Treibersuche erheblich. Insbesondere bei Treiber-updates muss nur das neue Treiberpaket installiert werden. Die Hardware verwendet dann automatisch die neue Version. Das Treiberpaket BMCM-DR kann von der Website des Herstellers [12] herunter geladen werden.

Sobald der USB-AD am PC angeschlossen wird, meldet das System die neue Hardware. Starten Sie dann die automatische Hardwareerkennung.

Im Geräte-Manager von Windows befindet sich nach erfolgreicher Installation der Eintrag "Messdatenerfassung (BMC Messsysteme GmbH)", der die installierte bmcm-Hardware auflistet. Diese wird folgendermaßen geöffnet:

- Windows 7: Start → Systemsteuerung → System und Sicherheit → System → Gerätemanager

- Windows Vista: Start → Systemsteuerung → System → Aufgaben: "Geräte-Manager"

- Windows XP: Start → Systemsteuerung → System → TAB "Hardware" → Schaltfläche "Geräte-Manager"

Ein Doppelklick auf USB-AD zeigt dessen Eigenschaften an. Allgemeine Informationen, Hinweise auf Gerätekonflikte und mögliche Fehlerursachen erhält man im TAB "Allgemein".

8.1.3 USB-AD Messsystem - Hardware

Das USB-AD Messsystem ist in einem kompakten Kunststoffgehäuse (71 x 45 x 16 mm3) untergebracht. Eine 37-polige Sub-D Buchse stellt alle analogen und digitalen Ein-/Ausgänge bereit. Den Anschluss an den PC übernimmt ein ca. 1,1 m langes USB-Kabel.

Abbildung 27 zeigt das komplette USB-AD Messsystem, während Abbildung 28 die Pinbelegung der Sub-D Buchse dokumentiert. Die technischen Daten können dem Datenblatt des Herstellers [12] entnommen werden.

Abbildung 27   USB-AD Messsystem

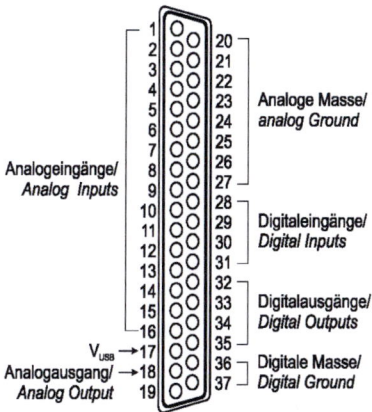

Abbildung 28   Pinbelegung

Die 16 massebezogenen Analogeingänge decken einen Messbereich von +/- 5 V bei 12 Bit Auflösung ab. Der Analogausgang deckt den gleichen Spannungsbereich ab und liefert einen Ausgangsstrom von maximal 1 mA. Die digitalen Ein-/Ausgänge weisen CMOS-Pegel auf. Die Ausgänge sind mit bis zu je 2.5 mA belastbar.

8.1.4   MemADA-Dongle

Um eine einfache Inbetriebnahme des USB-AD Messsystems sicherzustellen sowie eine einfache Handhabung im Ausbildungsbereich zu ermöglichen, wurde von der Abteilung Elektronik der Lehrwerkstätten Bern (www.lwb.ch) das hierfür sehr geeignete Frontend memADA-Dongle entwickelt.

Abbildung 29 zeigt den ebenfalls kompakt aufgebauten memADA-Dongle am USB-AD Messsystem angeschlossen. Abbildung 30 zeigt das Schaltbild des memADA-Dongles.

Abbildung 29   memADA-Dongle am USB-AD Messsystem

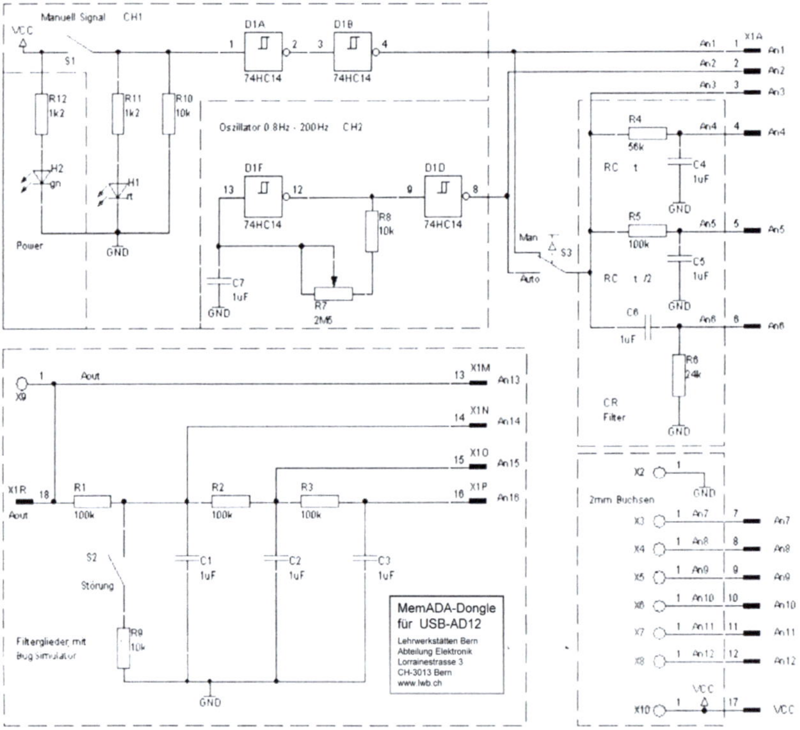

Abbildung 30   MemADA-Dongle Schaltbild

58

Der memADA-Dongle benötigt keine Spannungsversorgung, da er seine Betriebsspannung vom USB-AD Messsystem bezieht. Beim Anstecken an das USB-AD Messsystem leuchtet deshalb auch die grüne LED (in Abbildung 29 unterhalb des Drehknopfes angeordnet).

Zur Signalerzeugung sind ein Taster CLK sowie ein Oszillator mit einstellbarer Frequenz im Bereich von etwa 1 bis 200 Hz vorgesehen.

Das Signal des Tasters ist an den Kanal An1 geführt. Das Oszillatorsignal hingegen an den Kanal An2. Über den Schalter S3 kann eins der beiden Signale noch an den Kanal An3 geschaltet werden. Dieses Signal dient dann auch als Eingangssignal für die an die Kanäle An4 bis An6 angeschlossenen RC-Glieder (Details siehe Tabelle 3).

Kanal	Filterfunktion	Zeitkonstante
An4	Tiefpass	56 ms
An5	Tiefpass	100 ms
An6	Hochpass	24 ms

Tabelle 3   RC-Glieder an An4 bis An6

8.2   Lua Erweiterung AD4

8.2.1   LIBAD4

Die Bibliothek LIBAD4 ist eine Schnittstelle zu allen Messsystemen der BMC Messsysteme GmbH. Diese Schnittstelle erlaubt das Lesen und Schreiben von Einzelwerten, wie das Einlesen eines Analogeingangs, das Ausgeben eines Werts an einen Analogausgang oder die Ein-/Ausgabe über die digitale IO.

Neben der Ein-/Ausgabe von Einzelwerten kann mit der LIBAD4 auch eine Messung durchgeführt werden. Ein solcher Scan der Eingangskanäle findet im entsprechenden Treiber statt und ist aus diesem Grund zeitlich von der Applikation entkoppelt.

Damit eine Applikation auf die Funktionen der LIBAD4 Bibliothek zugreifen kann, muss diese auf dem Zielsystem installiert werden. Aus diesem Grund ist durch den Hersteller die Weitergabe der Datei *libad4.dll* ausdrücklich erlaubt.

Die von der Bibliothek LIBAD4 exportierten Funktionen und die verwendeten Konstanten werden einem C/C++ Programm in der Headerdatei *libad.h* zur Verfügung gestellt.

Für die noch vorzunehmende Lua Erweiterung wollen wir nur die Grundfunktionen einbinden, wie sie auch von jedem anderen, weniger komfortablen Messsystem zur Verfügung gestellt würden. Tabelle 4 zeigt die verwendeten Funktionen der Bibliothek LIBAD4.

Mit den mitgelieferten Tools kann eine spätere Erweiterung auf andere Funktionen dann selbst vorgenommen werden.

Verwendete Funktionen der Bibliothek LIBAD4 (libad4.dll)
`int32_t ad_open (const char *name);`
`int32_t ad_close (int32_t adh);`
`int32_t ad_analog_in (int32_t adh, int32_t cha, int32_t range, float *volt);`
`int32_t ad_analog_out (int32_t adh, int32_t cha, int32_t range, float volt);`
`int32_t ad_digital_in (int32_t adh, int32_t cha, uint32_t *data);`
`int32_t ad_digital_out (int32_t adh, int32_t cha, uint32_t data);`
`uint32_t ad_get_version ();`
`int32_t ad_get_drv_version (int32_t adh, uint32_t *vers);`
`int32_t ad_calc_run_size (int32_t adh, struct ad_scan_desc *scan_desc, uint32_t chac, struct ad_scan_cha_desc *chav);`
`int32_t ad_start_mem_scan (int32_t adh, struct ad_scan_desc *scan_desc, uint32_t chac, struct ad_scan_cha_desc *chav);`
`int32_t ad_get_next_run_f (int32_t adh, struct ad_scan_state *state, uint32_t *run, float *p);`
`int32_t ad_stop_scan (int32_t adh, int32_t *scan_result);`

Tabelle 4   Verwendete Funktionen der Bibliothek LIBAD

8.2.2   Lua Erweiterung durch C Funktionen

Lua wurde von Anfang an entworfen, um erweitert zu werden. Daher ist es sehr einfach, den Leistungsumfang von Lua zu erweitern.

Die Sprache bietet dafür ein universelles C-Interface an. Mit der Präprozessor-Anweisung `#include "lauxlib.h"` werden dem Compiler alle Lua-Definitionen bekannt gemacht. Alle Funktionen, die in C implementiert werden, haben als Parameter einen Zeiger auf den aktuellen Lua-Interpreter. Alle Variablen, die einer Lua-Funktion übergeben werden, werden auf den Lua-Stack kopiert.

Um die aus der Bibliothek LIBAD4 zur Verfügung gestellten Funktionen in Lua nutzen zu können, erstellen wir die Datei *AD4.C* und daraus eine weitere DLL, auf die Lua dann zugreifen kann. Listing 16 zeigt den Quelltext der Datei *AD4.C*. Obwohl hier grundsätzlich jeder C-Compiler eingesetzt werden kann, der auf dem PC lauffähige Programme erzeugt, wollen wir auf den eingesetzten Open-Source Compiler MinGW (www.mingw.org) hinweisen.

```
#include <lauxlib.h>
#include "libad.h"

static int ad4_open(lua_State *L)
{
    const char * name = luaL_checkstring(L, 1);

    int32_t ret = ad_open(name);

    lua_pushinteger(L, ret);

    return 1;
}

static int ad4_close(lua_State *L)
{
    int32_t adh = luaL_checkinteger(L, 1);

    int32_t ret = ad_close(adh);

    lua_pushinteger(L, ret);

    return 1;
}

static int ad4_analog_in(lua_State *L)
{
    float volt;
    int32_t adh = luaL_checkinteger(L, 1);
    int32_t cha = luaL_checkinteger(L, 2);
    int32_t rng = luaL_checkinteger(L, 3);

    int32_t ret = ad_analog_in (adh, cha, rng, &volt);

    lua_pushinteger(L, ret);
    lua_pushnumber(L, volt);

    return 2;
}

static int ad4_analog_out(lua_State *L)
{
```

```c
  int32_t adh = luaL_checkinteger(L, 1);
  int32_t cha = luaL_checkinteger(L, 2);
  int32_t rng = luaL_checkinteger(L, 3);
  float  volt= luaL_checknumber(L, 4);

  int32_t ret = ad_analog_out (adh, cha, rng, volt);

  lua_pushinteger(L, ret);
  lua_pushnumber(L, volt);

  return 2;
}

static int ad4_digital_in(lua_State *L)
{
  uint32_t data;
  int32_t adh = luaL_checkinteger(L, 1);
  int32_t cha = luaL_checkinteger(L, 2);

  int32_t ret = ad_digital_in (adh, cha, &data);

  lua_pushinteger(L, ret);
  lua_pushnumber(L, data);

  return 2;
}

static int ad4_digital_out(lua_State *L)
{
  int32_t adh   = luaL_checkinteger(L, 1);
  int32_t cha   = luaL_checkinteger(L, 2);
  uint32_t data = luaL_checkinteger(L, 3);

  int32_t ret = ad_digital_out (adh, cha, data);

  lua_pushinteger(L, ret);

  return 1;
}

static int ad4_get_version(lua_State *L)
{
  uint32_t v = ad_get_version ();

  lua_pushinteger(L, AD_MAJOR_VERS(v));
  lua_pushinteger(L, AD_MINOR_VERS(v));
  lua_pushinteger(L, AD_BUILD_VERS(v));

  return 3;
}
```

```
static int ad4_get_drv_version(lua_State *L)
{
  int32_t adh   = luaL_checkinteger(L, 1);
  uint32_t v;

  int32_t ret = ad_get_drv_version (adh, &v);

  lua_pushinteger(L, ret);
  lua_pushinteger(L, AD_MAJOR_VERS(v));
  lua_pushinteger(L, AD_MINOR_VERS(v));
  lua_pushinteger(L, AD_BUILD_VERS(v));

  return 4;
}

static int getIntField(lua_State *L, int tableStackPos, const char *key,
int defaultVal)
{
  int result = defaultVal;
  if (lua_istable(L,tableStackPos))             // doublecheck
  {
    lua_getfield(L,tableStackPos,key);
    if (!lua_isnil(L,-1))                        // is key in table
    {
      if (lua_isnumber(L, -1))
    {
      result = (int)lua_tonumber(L, -1);
    }
    else
    {
      luaL_error(L, "invalid component in table. key: %s", key);
    }
    }
    lua_pop(L, 1);  // remove number
  }
  return result;
}

static float getFloatField(lua_State *L, int tableStackPos, const char
*key, float defaultVal)
{
  float result = defaultVal;
  if (lua_istable(L,tableStackPos))             // doublecheck
  {
    lua_getfield(L,tableStackPos,key);
    if (!lua_isnil(L,-1))                        // is key in table
    {
    if (lua_isnumber(L, -1))
    {
      result = lua_tonumber(L, -1);
    }
```

```
    else
    {
      luaL_error(L, "invalid component in table. key: %s", key);
    }
    }
    lua_pop(L, 1);                              // remove number
  }
  return result;
}

static int ad4_scan(lua_State *L)
{
  int i,j;
  int chav_count=0;
  float * samples = 0;
  int argc = lua_gettop(L);
  struct ad_scan_cha_desc * chav = 0;
  struct ad_scan_desc sd;
  int32_t rc;
  int scan_result = 0;
  int32_t adh    = luaL_checkinteger(L, 1);

  luaL_checktype(L, 2, LUA_TTABLE);

  if(argc <= 2)
    luaL_error(L, "table expected");

  for(i=3; i<=argc; i++)
    luaL_checktype(L, i, LUA_TTABLE);

  chav_count = argc - 2;

  memset (&sd, 0, sizeof(sd));
  sd.sample_rate   = getFloatField(L, 2, "rate", 0.01);
  sd.prehist       = getIntField(L, 2, "prehist", 0);
  sd.posthist      = getIntField(L, 2, "posthist", 0);
  sd.ticks_per_run = sd.prehist + sd.posthist;

  chav = calloc(sizeof(struct ad_scan_cha_desc), chav_count);

  for(i=0; i<chav_count; i++)
  {
    unsigned int data;
    float level;
    chav[i].cha      = AD_CHA_TYPE_ANALOG_IN
                       | getIntField(L, 3+i, "cha", i+1);
    chav[i].range    = getIntField(L, 3+i, "range", 33);
    chav[i].store    = getIntField(L, 3+i, "store", 1);
    chav[i].ratio    = getIntField(L, 3+i, "ratio", 1);
    chav[i].trg_mode = getIntField(L, 3+i, "trg_mode", 0);
    level            = getFloatField(L, 3+i, "trg_level", 0);
```

64

```
          rc = ad_float_to_sample(adh, chav[i].cha, chav[i].range,
                              level, &data);
        chav[i].trg_par[0] = data>>16;
        chav[i].trg_par[1] = 0;
      }

      rc = ad_calc_run_size (adh, &sd, chav_count, chav);
      if(rc != 0)
         goto end;

      rc = ad_start_mem_scan (adh, &sd, chav_count, chav);
      if (rc != 0)
         goto end;

      samples = (float *) malloc (sd.samples_per_run * sizeof(float));

      rc = ad_get_next_run_f (adh, NULL, NULL, samples);
      if(rc != 0)
         goto end;

      rc = ad_stop_scan(adh, &scan_result);
      if(rc != 0)
         goto end;

end:
    lua_pushinteger(L, rc);
    lua_pushinteger(L, scan_result);

    if(rc == 0)
    {
      lua_newtable(L);
      for(i=0; i<chav_count; i++)
      {
        lua_pushnumber(L, i+1);
      lua_newtable(L);

        for(j=0; j<sd.ticks_per_run; j++)
      {
        lua_pushnumber(L, j+1);
        lua_pushnumber(L, samples[i*sd.ticks_per_run+j]);
        lua_settable(L, -3);
      }
        lua_settable(L, -3);
      }
    }
    free(samples);
    free(chav);
    return 3;
}

static const luaL_Reg ad4lib[] =
```

65

```
{
  {"open"             , ad4_open},
  {"close"            , ad4_close},
  {"analog_in"        , ad4_analog_in},
  {"analog_out"       , ad4_analog_out},
  {"digital_in"       , ad4_digital_in},
  {"digital_out"      , ad4_digital_out},
  {"get_version"      , ad4_get_version},
  {"get_drv_version"  , ad4_get_drv_version},
  {"scan"             , ad4_scan},

  {NULL, NULL}
};

int luaopen_ad4(lua_State * L)
{
  luaL_register(L, "ad4", ad4lib);
  return 1;
}
```

Listing 16 Quelltext *AD4.C*

8.2.3 Interface DLL <–> Lua

Die in den Programmbeispielen als erste Lua Anweisung zu findende Anweisung `require "ad4"` sucht zuerst die Datei *ad4.lua* in verschiedenen Pfaden.
Diese Pfade sind in `package.path` definiert.

Wird die Datei *ad4.lua* nicht gefunden, versucht Lua die Datei *ad4.dll* zu laden.
Wird die Datei gefunden, dann wird versucht, die Funktion `luaopen_ad4()`
auszuführen.

In dieser Funktion werden mit dem Befehl `luaL_register(...)` die verschiedenen Funktionen der Bibliothek ad4 dem Lua Interpreter bekannt gemacht.

Die Variable `ad4lib` ist ein Array, das die Zuordnung der Funktionsnamen zu
den C-Funktionen enthält.

Details einer in C implementierten Lua Funktion

Jede Lua Funktion, die in C implementiert wird, hat einen Parameter
`lua_State * L`. Dieser Parameter L ist ein Zeiger auf den aktuellen Lua Interpreter. D.h., es ist möglich, mehrere Lua Interpreter innerhalb einer Applikation zu starten.

Die Parameter, die man der Lua-Funktion übergibt, befinden sich auf dem Stack
des Interpreters. Mit der Funktion `luaL_checkinteger(L, 1)` wird überprüft,
ob der oberste Wert des Stacks ein Integerwert ist, bzw. in einen Integerwert
konvertiert werden kann. Ist der Wert ein Integerwert, gibt die Funktion diesen

zurück. Ist der Wert aber kein Integerwert, wird eine Exception geworfen und die weitere Abarbeitung des Programms abgebrochen.

In Zeile 5 in Listing 17 wird auf die Funktion `ad_close()` der Bibliothek LIBAD4 zugegriffen. Der Rückgabewert dieser Funktion wird mit der Funktion `lua_pushinteger(L, ret)` wieder auf den Stack des Interpreters gepusht. Der Returnwert in Zeile 9 sagt aus, wie viele Werte auf den Stack gepusht wurden.

```
1   static int ad4_close(lua_State *L)
2   {
3     int32_t adh = luaL_checkinteger(L, 1);
4
5     int32_t ret = ad_close(adh);
6
7     lua_pushinteger(L, ret);
8
9     return 1;
10  }
```
Listing 17   Auszug aus Quelltext *AD4.C*

Wie aus Listing 16 ersichtlich ist, werden nach diesem Muster alle C-Funktionen mit Lua verknüpft.

8.3   Programmbeispiele

Eine Reihe von Programmbeispielen soll das Arbeiten mit der Lua Erweiterung AD4 verdeutlichen.

8.3.1   Abfrage Analogkanal und Softwareversion

Ein erstes Beispiel soll die Abfrage eines Analogkanals und der Softwareversion verdeutlichen. Listing 18 zeigt den Quelltext des Programmbeispiels *bsp1.lua*.

```
require "ad4"
require "ad4_defines"

major, minor, build = ad4.get_version()    -- Read Version/Build Number
print("Major Version =", major)
print("Minor Version =", minor)
print("Build =", build)

x = ad4.open("usb-ad")
if x == -1 then
  print("Error")
else
 print("USB-AD opened.")
end

ret, volt = ad4.analog_in(x, An3, Range)   -- Read Channel An3, Range +/- 5
V
print("Voltage =", volt)

x = ad4.close(x)
if x == 0 then
  print("USB-AD closed.")
else
  print("Error")
end
```

Listing 18   Quelltext *bsp1.lua*

Die Anweisung `require "ad4"` lädt die Datei *ad4.dll*, die die Lua Erweiterungen zur Ansteuerung des USB-AD enthält.

Durch die Anweisung `require "ad4_defines"` werden Definitionen geladen, die für das verwendete Messsystem USB-AD gelten. Listing 19 zeigt diese Definitionen in der Datei *ad4_defines.lua* und die der Funktion `wait(sec)`.

```
-- Definitions for USB-AD
An1 = 1
An2 = 2
An3 = 3
An4 = 4
An5 = 5
An6 = 6
An7 = 7
An8 = 8
An9 = 9
An10 = 10
An11 = 11
An12 = 12
An13 = 13
An14 = 14
An15 = 15
An16 = 16

Aout = 1
Range = 33

function wait(seconds)
   local start = os.time()
   repeat until os.time() > start + seconds
end
```

Listing 19 Quelltext *ad4_defines.lua*

Zurück zu Listing 18 sehen wir als nächstes den Aufruf der Funktion `ad4.get_version()`. Diese Funktion gibt drei Werte zurück. Die drei folgenden Print-Anweisungen geben diese Werte am Bildschirm aus.

Nun folgt die eigentliche Kommunikation mit dem USB-AD. Der Kommunikationskanal wird durch Aufruf der Funktion `ad4.open("usb-ad")` geöffnet. Durch den Aufruf der Funktion `ad4.analog_in(x, An3, Range)` wird Kanal An3 abgefragt. Der Parameter `Range` definiert den Messbereich, der im Fall des hier eingesetzten Messsystems unveränderlich ist.

Der ermittelte Spannungswert wird am Bildschirm ausgegeben bevor der Kommunikationskanal durch Aufruf der Funktion `ad4.close(x)` geschlossen wird.

Abbildung **31** zeigt Aufruf und Ausgaben des Skripts *bsp1.lua*.

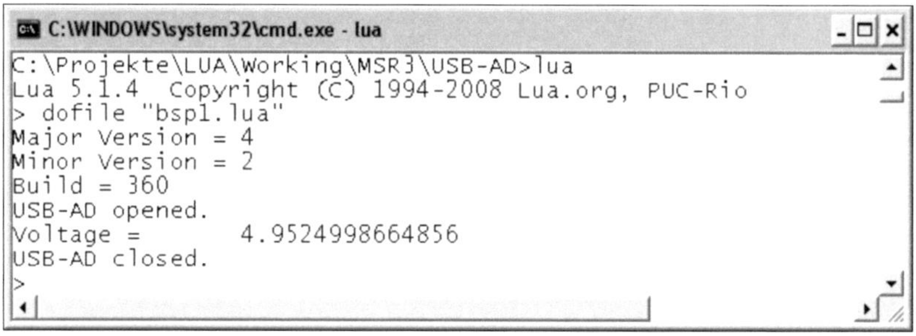

```
C:\WINDOWS\system32\cmd.exe - lua                      _ □ ×
C:\Projekte\LUA\Working\MSR3\USB-AD>lua
Lua 5.1.4  Copyright (C) 1994-2008 Lua.org, PUC-Rio
> dofile "bsp1.lua"
Major Version = 4
Minor Version = 2
Build = 360
USB-AD opened.
Voltage =        4.9524998664856
USB-AD closed.
>
```

Abbildung 31   Aufruf und Ausgaben des Skripts *bsp1.lua*

8.3.2   Test ADDA

Zum Test des gesamten Analogteils des USB-AD wurde das Programmbeispiel *bsp2.lua* erstellt. Es wird an dieser Stelle nicht weiter vertieft, kann aber von der Webseite zum Buch heruntergeladen werden.

Abbildung 32 zeigt Aufruf und Ausgaben des Skripts *bsp2.lua*. Auf die jeweils zu verbindenden Anschlüsse wird im Programm hingewiesen.

Im unteren Teil von Abbildung 32 sind ausschnittsweise die Ergebnisse einer kompletten DA-AD-Umsetzung zu sehen.

Dem DA-Umsetzer werden durch das Programm Spannungswerte zwischen 0 und 5 V übergeben, die dann über Kanal An12 des AD-Umsetzers zurück gelesen werden. Die Werte selbst und die Differenz zwischen ausgegebenem und eingelesenem Wert A12-Aout werden am Bildschirm ausgegeben.

Mit diesen Kennwerten des USB-AD kann schließlich eine Kennlinie des USB-AD erstellt werden (Abbildung 33).

```
C:\WINDOWS\system32\cmd.exe - lua                          _ □ ×
> dofile "bsp2.lua"
USB-AD Test of Analog IO
USB-AD opened.

Connect MemADA-Dongle to USB-AD

Connect An7 to GND - press any key

Voltage =        0

Connect An12 to VCC - press any key

Voltage =        4.9499998092651

Connect An12 to Aout - press any key

Aout = 0.00   Ain12 = -0.0025   Ain12-Aout = -0.0025
Aout = 0.10   Ain12 =  0.0950   Ain12-Aout = -0.0050
Aout = 0.20   Ain12 =  0.2000   Ain12-Aout =  0.0000
Aout = 0.30   Ain12 =  0.2975   Ain12-Aout = -0.0025
Aout = 0.40   Ain12 =  0.3950   Ain12-Aout = -0.0050
```

Abbildung 32   Aufruf und Ausgaben des Skripts *bsp2.lua*

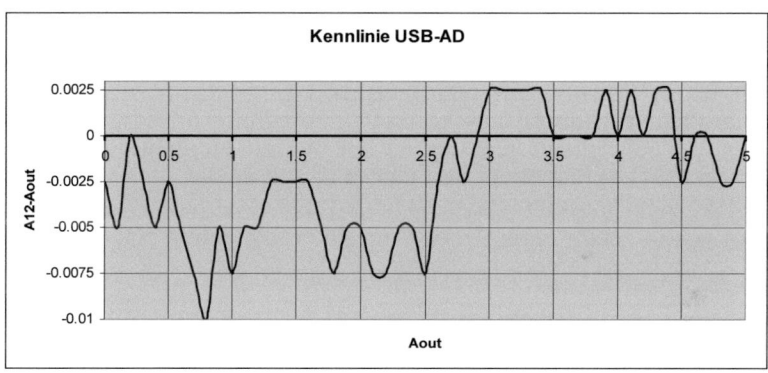

Abbildung 33   Kennlinie des USB-AD (Aout → A12)

Die maximale Abweichung der in Abbildung 33 dargestellten Kennlinie beträgt -
10 mV. Das entspricht 4 LSB bei einer Auflösung von 12 Bit.

71

Dem Datenblatt des USB-AD können die folgenden Werte entnommen werden:

DAU	typ.	max.
Spannungsbereich	+/- 5 V	
Auflösung:	12 Bit	
Genauigkeit:	+/- 4 LSB	+/- 20 LSB
ADU		
Spannungsbereich	+/- 5 V	
Auflösung:	12 Bit	
Genauigkeit:		+/- 2 LSB
Rauschen	+/- 1 LSB	

Der Vergleich der ermittelten Kennlinie mit dem Datenblatt des USB-AD zeigt, dass das verwendete Messsystem absolut in den Spezifikationen liegt.

8.3.3 Digitale I/O

Das USB-AD Messsystem weist vier digitale Eingänge und vier digitale Ausgänge auf, die zu Steuerungszwecken herangezogen werden können. Listing 20 zeigt das Programmbeispiel *bsp3.lua* zum Test der digitalen Ein-/Ausgabe.. Zum Test sind die vier digitalen Ausgänge mit den digitalen Eingängen zu verbinden. Nach dem Start des Programms wird man dazu aufgefordert.

```
require "ad4"
require "ad4_defines"

io.write("USB-AD Test of Digital IO\n")

x = ad4.open("usb-ad")
if x == -1 then
  print("Error")
else
 print("USB-AD opened.")
end

io.write("\nConnect Digital Outputs to Digital Inputs - press any key\n")
io.read()

io.write("Single Bit IO\n")
nib = {0, 1, 2, 4, 8}
for i = 1, 5 do
    ret = ad4.digital_out(x,2,nib[i])
```

```
    ret, data = ad4.digital_in(x,1,nib[i])
    io.write(string.format("Out = %2d   In = %2d\n", nib[i], data))
end

io.write("\nNibble IO\n")
for nib = 0, 15 do
    ret = ad4.digital_out(x,2,nib)
    ret, data = ad4.digital_in(x,1,nib)
    io.write(string.format("Out = %2d   In = %2d\n", nib, data))
end

x = ad4.close(x)
if x == 0 then
    print("USB-AD closed.")
else
    print("Error")
end
```

Listing 20   Quelltext *bsp3.lua*

Wenn man das Öffnen und Schließen des Kommunikationskanals außer Acht lässt, dann gliedert sich das Programm in zwei Teile.

Im Teil "Single Bit I/O" wird immer nur ein Bit der vier Ausgangsleitungen gesetzt oder gar keins. Hierzu wird die Tabelle `nib` mit den Werten 0, 1, 2, 4 und 8 definiert und nacheinander durch Aufruf der Funktion `ad4.digital_out(x, 2, nib)` ausgegeben. Da vereinbarungsgemäß die Ausgänge mit den Eingängen verbunden worden sind, kann mit der Anweisung `ad4.digital_in(x,1,nib)` das gleiche Bitmuster zurück gelesen werden. Zum Vergleich werden ausgegebener und eingelesener Wert am Bildschirm ausgegeben.

Im Teil "Nibble I/O" werden der Variablen `nib` nacheinander die Werte 0 bis 15 zugewiesen. Nach der Ausgabe wird wieder der Wert zurück gelesen. Zum Vergleich werden schließlich ausgegebener und eingelesener Wert wieder am Bildschirm ausgegeben.

Sind die digitalen Ausgänge mit den digitalen Eingängen verbunden, dann entspricht in beiden Programmteilen der zurück gelesene Wert dem ausgegebenen Wert. Abbildung 34 zeigt Aufruf und Ausgaben des Skripts *bsp3.lua*, wobei die digitalen Ausgänge mit den digitalen Eingängen verbunden sind.

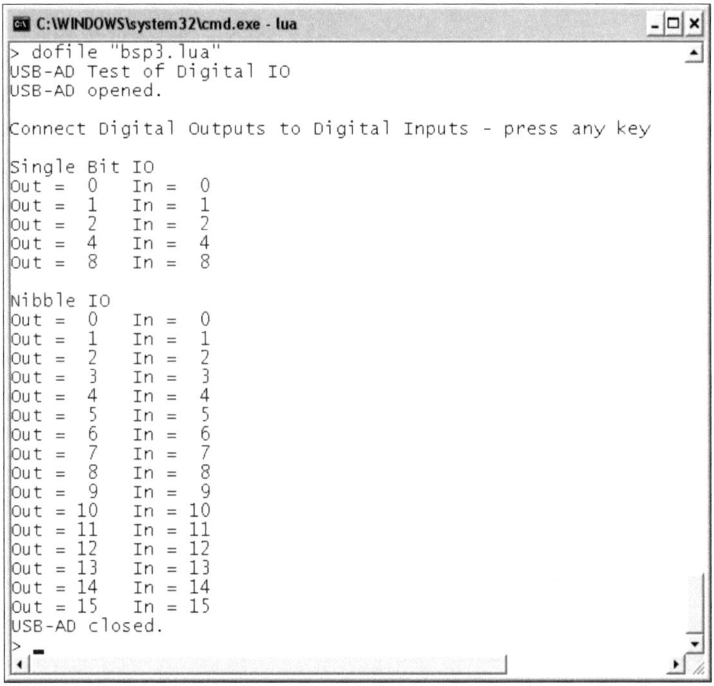

```
C:\WINDOWS\system32\cmd.exe - lua                    _ □ ×
> dofile "bsp3.lua"
USB-AD Test of Digital IO
USB-AD opened.

Connect Digital Outputs to Digital Inputs - press any key

Single Bit IO
Out =  0    In =  0
Out =  1    In =  1
Out =  2    In =  2
Out =  4    In =  4
Out =  8    In =  8

Nibble IO
Out =  0    In =  0
Out =  1    In =  1
Out =  2    In =  2
Out =  3    In =  3
Out =  4    In =  4
Out =  5    In =  5
Out =  6    In =  6
Out =  7    In =  7
Out =  8    In =  8
Out =  9    In =  9
Out = 10    In = 10
Out = 11    In = 11
Out = 12    In = 12
Out = 13    In = 13
Out = 14    In = 14
Out = 15    In = 15
USB-AD closed.
>
```

Abbildung 34   Aufruf und Ausgaben des Skripts *bsp3.lua*

Löst man eine der Verbindungen oder hat ein digitaler Ausgang bzw. digitaler Eingang einen Fehler, dann werden die beiden Muster nicht identisch sein.

Für den folgenden Test wurde beispielsweise die Verbindung DOUT0 - DIN0 gelöst. Bedingt durch die interne Beschaltung (PullUp) wird der Eingang DIN0 immer als "1" zurück gelesen. Abbildung 35 zeigt Aufruf und Ausgaben des Skripts *bsp3.lua* unter den genannten Bedingungen.

```
C:\WINDOWS\system32\cmd.exe - lua                    _ □ x
> dofile "bsp3.lua"
USB-AD Test of Digital IO
USB-AD opened.

Connect Digital Outputs to Digital Inputs - press any key

Single Bit IO
Out =  0    In =  1
Out =  1    In =  1
Out =  2    In =  3
Out =  4    In =  5
Out =  8    In =  9

Nibble IO
Out =  0    In =  1
Out =  1    In =  1
Out =  2    In =  3
Out =  3    In =  3
Out =  4    In =  5
Out =  5    In =  5
Out =  6    In =  7
Out =  7    In =  7
Out =  8    In =  9
Out =  9    In =  9
Out = 10    In = 11
Out = 11    In = 11
Out = 12    In = 13
Out = 13    In = 13
Out = 14    In = 15
Out = 15    In = 15
USB-AD closed.
>
```

Abbildung 35   Aufruf und Ausgaben des Skripts *bsp3.lua*

8.3.4   Mehrere analoge Eingänge

Beim USB-AD ist es möglich, Messwerte über mehrere Analogkanäle zu erfassen. Im folgenden Programmbeispiel *bsp4.lua* sollen die Kanäle An3 bis An6 je 500 Messwerte im Abstand von 0.01 s erfassen.

Bei Verwendung des memADA-Dongles wird in Stellung Auto der Ausgang des internen Oszillators an Kanal An3 gelegt. An Kanal An4 steht das Signal nach einer Tiefpassfilterung mit einer Zeitkonstanten von 56 ms zur Verfügung. An Kanal An5 steht das Signal nach einer Tiefpassfilterung mit einer Zeitkonstanten von 100 ms und an Kanal An6 nach einer Hochpassfilterung mit einer Zeitkonstanten von 24 ms zur Verfügung.

Mit dem USB-AD sind 500 Messungen pro Sekunde möglich. Listing 21 zeigt den Quelltext des Programmbeispiels *bsp4.lua*.

75

```lua
require "ad4"

adh = ad4.open("usb-ad")
if adh == -1 then
  print("Error")
else
 print("USB-AD opened.")
end

sd  = {rate = 0.01, posthist = 500}

ch1 = {cha = 3}
ch2 = {cha = 4}
ch3 = {cha = 5}
ch4 = {cha = 6}

print("USB-AD start scan ... ")
ret, scan_result, data  = ad4.scan(adh, sd, ch1, ch2, ch3, ch4)
print("USB-AD scan done. ret="..ret.. " scan_result="..scan_result)

file = assert(io.open("bsp4.csv", "w"))
for i=1,table.maxn(data[1]) do
  local s = string.format("%i", i)
  for j=1,#data do
    s = s .. string.format("\t%8.3f", data[j][i])
  end
  file:write(s.."\n")
end
file:close()

ret = ad4.close(adh)
if ret == 0 then
  print("USB-AD closed.")
else
  print("Error")
end
```

Listing 21   Quelltext *bsp4.lua*

Der Funktion `ad4.scan(adh, sd, ch1…)` müssen mindestens drei Parameter übergeben werden. Das sind die Referenz auf den USB-AD (Filehandle adh), eine Tabelle mit Scandescriptoren (sd) und beliebig viele Tabellen mit Kanaldescriptoren (chn).

Die Tabellen der Scan- und Kanaldescriptoren entsprechen den Structs `ad_scan_desc` und `ad_scan_cha_desc`, die in der Bibliothek LIBAD4 definiert sind. Um das Handling zu vereinfachen, sind alle Felder mit einem Defaultwert belegt und können auch weggelassen werden.

Die Funktion `ad4.scan(adh, sd, ch1…)` liefert drei Rückgabewerte. Der Wert `ret` entspricht den Rückgabewerten der Funktionen der USB-AD Bibliothek. Der Wert `scan_result` zeigt, ob der Scan erfolgreich war (`ad_stop_scan()`) und der dritte Rückgabewert ist eine Tabelle `data`. Die Tabelle enthält für jeden Kanal eine Tabelle mit den Messwerten.

Die gemessenen Werte werden anschließend in der Datei *bsp4.csv* abgelegt, so dass die Daten mit Excel oder Gnuplot ausgewertet werden können.

Abbildung 36 zeigt Aufruf und Ausgaben des Skripts *bsp4.lua*, während Abbildung 37 die Auswertung der Messdaten mit Gnuplot verdeutlicht.

Dargestellt werden die Signale der Kanäle An3, An5 und An6. Deutlich lassen sich das originale Rechtecksignal an Kanal An3 und die gefilterten Signale an Kanal An5 (Tiefpass) und An6 (Hochpass) unterscheiden.

```
C:\WINDOWS\system32\cmd.exe - lua
> dofile "bsp4.lua"
USB-AD opened.
USB-AD start scan ...
USB-AD scan done. ret=0 scan_result=0
USB-AD closed.
>
```

Abbildung 36 Aufruf und Ausgaben des Skripts *bsp4.lua*

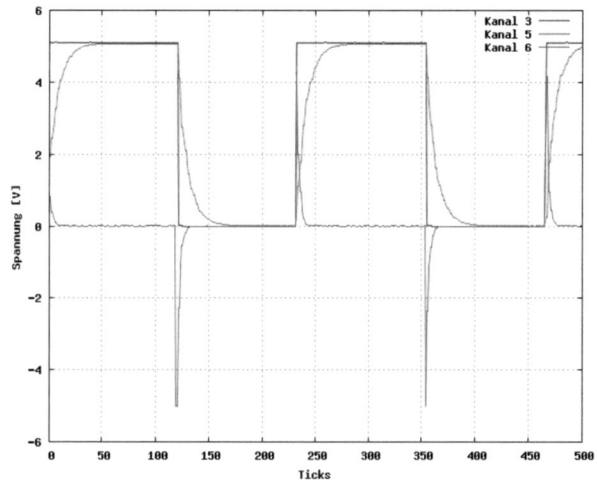

Abbildung 37 Auswertung der Messdaten mit Gnuplot

9. Lua im Embedded DOS System

In diesem Kapitel wollen wir zeigen, wie Lua in einem Embedded DOS System eingesetzt werden. Ein Embedded PC auf Basis eines Intel 386EX mit ROM-DOS (kompatibel zu MS-DOS 6.22) soll uns dabei als Hardwareplattform dienen.

9.1 Eingesetzte Hardware

9.1.1 Mini-PC mit 386EX-Card III

Beim Mini-PC handelt es sich um einen kompletten DOS-kompatiblen Rechner auf der Basis eines Intel386™ EX Prozessors, der überall dort eingesetzt werden kann, wo geringe Größe und minimaler Strombedarf eine wesentliche Rolle spielen [13].

Abbildung 38 zeigt die Ausstattungsmerkmale des Intel386™ EX Prozessors. Abbildung 39 zeigt die kompakte 386EX-Card III, die die Basis für den hier verwendeten Mini-PC bildet.

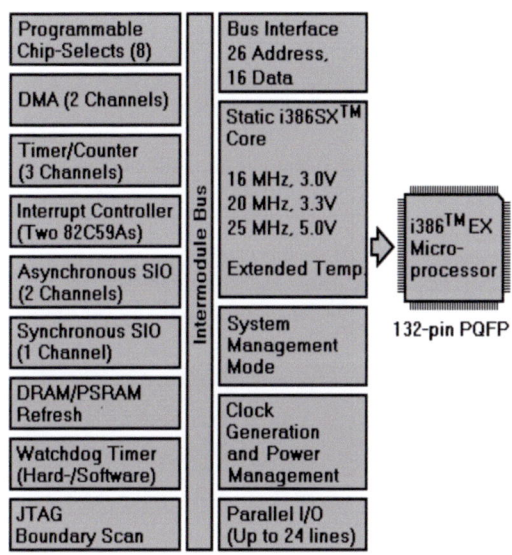

Programmable Chip-Selects (8)	Bus Interface 26 Address, 16 Data
DMA (2 Channels)	Static i386SX™ Core
Timer/Counter (3 Channels)	16 MHz, 3.0V
Interrupt Controller (Two 82C59As)	20 MHz, 3.3V 25 MHz, 5.0V
Asynchronous SIO (2 Channels)	Extended Temp.
Synchronous SIO (1 Channel)	System Management Mode
DRAM/PSRAM Refresh	Clock Generation and Power Management
Watchdog Timer (Hard-/Software)	
JTAG Boundary Scan	Parallel I/O (Up to 24 lines)

i386™ EX Micro-processor

132-pin PQFP

Abbildung 38   Intel386™ EX Prozessors - Ausstattungsmerkmale

Abbildung 39   386EX-Card III

Der auf dem Intel386™ EX Prozessor aufbauende Mini-PC ist durch die folgenden Ausstattungsmerkmale gekennzeichnet:

CPU	
	Intel386™ EX Prozessor mit 33 MHz Prozessortakt
Speicher	
	2 MB, 4 MB oder 8 MB Flash-Speicher mit Flash-Filesystem
	batteriegestütztes SRAM 1 MB, 2 MB, 3MB oder 4MB
	max. 896 KB DOS-Arbeitsspeicher
	Serielles EEPROM mit 256 Byte
Firmware	
	PC-kompatibles BIOS, Konfigurationsmenü im BIOS-Setup
	FreeDOS 7.1, Datalight ROMDOS (optional, lizenzpflichtig)
Schnittstellen	
	vier PC-kompatible serielle Schnittstellen mit max. 115,2 kBaud
	bidirektionale Parallel-Schnittstelle (PC-kompatible Druckerschnittstelle)
	IDE-Schnittstelle für den Anschluss von Festplatten und CD-Laufwerken (optional)
	Sockel für CF Cards mit bis zu 256 MB als IDE-kompatible Flash-Disk (optional)
	Ethernet (Twisted Pair, 10 MBit)
	synchrone serielle Schnittstelle bis maximal 8,33 MBaud
	I²C-Bus
	PIF-Bus
	JTAG-Schnittstelle für Testzwecke
	batteriegestützte Echtzeituhr

Den Aufbau des Mini-PC zeigt Abbildung 40. Die DSUB-9 Stecker der seriellen Schnittstellen sowie der DSUB-25 Stecker der Parallel-Schnittstelle sind deutlich ersichtlich.

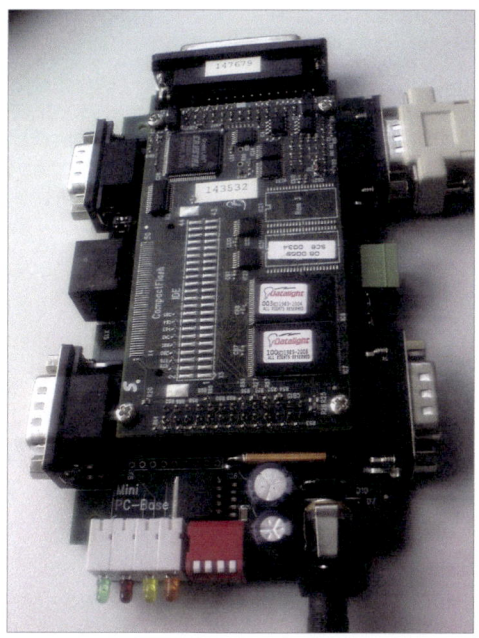

Abbildung 40   Mini-PC mit 386EX-Card III

Auf der linken Seite ist noch die RJ45-Buchse der Ethernet-Schnittstelle zu se-hen. An der Unterkante befinden sich vier LEDs und eine Minischalter-Gruppe mit vier Schaltern sowie der Anschluss für die Spannungsversorgung.

Mit der Minischalter-Gruppe kann das Verhalten beim Start des Mini-PCs indivi-duell gesteuert werden. Durch die binäre Codierung des Schalters ergeben sich maximal 16 verschiedene Bedingungen zur Auswertung.

Drei der vier Leuchtdioden neben der Minischalter-Gruppe können ebenfalls individuell in eigenen Applikationen, z.B. als Statusanzeigen, verwendet werden. Die äußere Leuchtdiode ist die Power-LED und steht deshalb nicht zur individu-ellen Verwendung zur Verfügung.

Das BIOS-Setup der 386EX-Card bietet diverse Einstellungsmöglichkeiten, um die Baugruppe an die Bedürfnisse der Anwendung anzupassen. Um in das Se-tup zu gelangen, ist nach einem Neustart der Baugruppe (Power On) am ange-schlossenen Terminalprogramm während des Speichertests die Taste S zu drü-cken. Daraufhin wird der Speichertest abgebrochen und es erscheint das BIOS-Setup-Hauptmenu.

Um genügend Speicherplatz für unsere Lua Integration zur Verfügung zu haben, soll genügend RAM zur Verfügung gestellt werden.

Das BIOS-Setup legt fest, wie viel des Flash- und RAM-Speichers im untersten Megabyte des CPU-Adressraums eingeblendet werden soll. Diese Speicherbereiche sind dann im Real Mode der 386EX-CPU zugänglich. Möglich sind für den Flash-Speicher 128 KB, 256 KB oder 512 KB und für das RAM 256 KB, 512 KB, 640 KB, 768 KB oder 896 KB. Die Summe beider Werte kann 1 MB nicht überschreiten.

Mit dem Kommando mem kann die vorgenommene Konfiguration überprüft werden.

Abbildung 41 zeigt die Speicheraufteilung. Mit der vorgenommenen Konfiguration stehen für ausführbare Programme (Executables) bis zu 606 KB zur Verfügung.

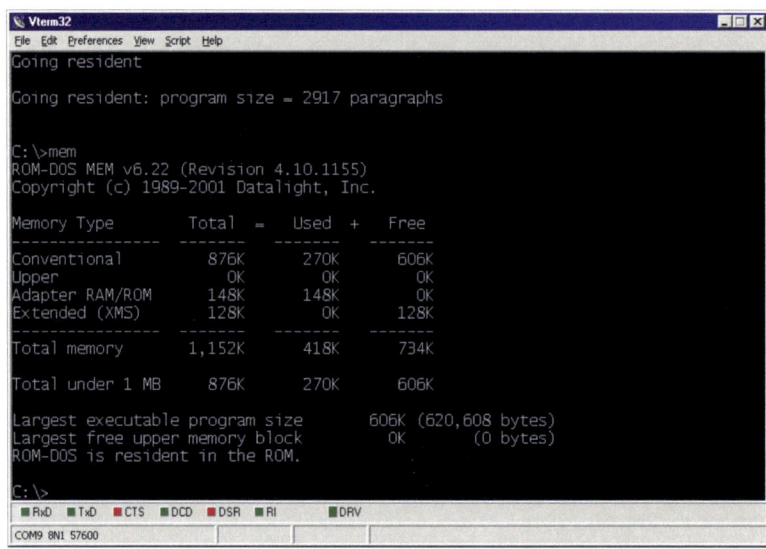

Abbildung 41   Speicherkonfiguration 386EX-Card III

Weitere Einzelheiten können dem Handbuch [13] entnommen werden, welches von der taskit-Website (http://www.taskit.de) oder der Webseite zum Buch [22] herunter geladen werden kann.

9.1.2   AD/DA-Erweiterung

Für die Erweiterung des Mini-PCs mit Komponenten zur Messwerterfassung gibt es verschiedene Möglichkeiten.

Alle 386EX-Cards von taskit stellen mit dem PIF-Bus (Parallel InterFace Bus) einen einfachen 8-Bit Erweiterungsbus zum Anschluss von Peripherieboards zur Verfügung. Der PIF-Bus ist auch beim Mini-PC an einem 26-poligen Wannen-stecker (in Abbildung 40 nicht sichtbar) verfügbar.

An den PIF-Bus anschließbar ist die auf dem MAX181 aufbauende Baugruppe PIF-ADC12/6CH (Abbildung 42).

Abbildung 42   Baugruppe PIF-ADC12/6CH

Der MAX181 ist ein komplettes 8-Kanal, 12-Bit Messwerterfassungssystem mit einem Mikroprozessorinterface, welches den Betrieb als I/O-mapped Device zulässt. Die Datenleitungen D11-D0 sowie CONTROL(/CS, /RD, /WR) bilden das Interface zum PIF-Bus und damit zum Mini-PC. Abbildung 43 zeigt das Blockschema des MAX181.

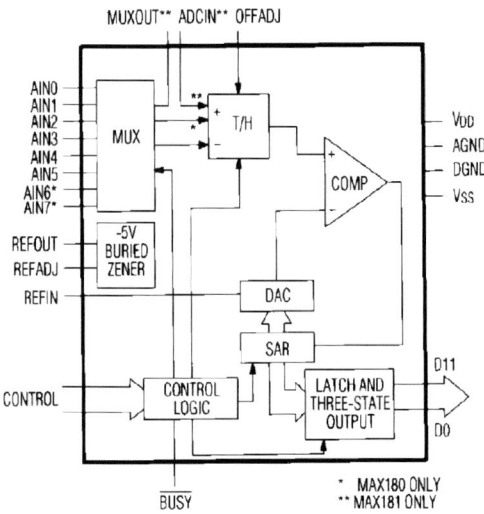

Abbildung 43   Blockschema MAX181

Reicht die geringere Auflösung von 8 Bit für die betreffende messtechnische Fragestellung, dann kann durch Einsatz eines Bausteins PCF8591 mit I^2C-Bus-Interface der schaltungstechnische Aufwand wesentlich reduziert werden [14].

Abbildung 44 zeigt das Blockschema des PCF8591. Es stehen vier analoge Eingänge und zusätzlich ein analoger Ausgang auf dem Baustein zu Verfügung.

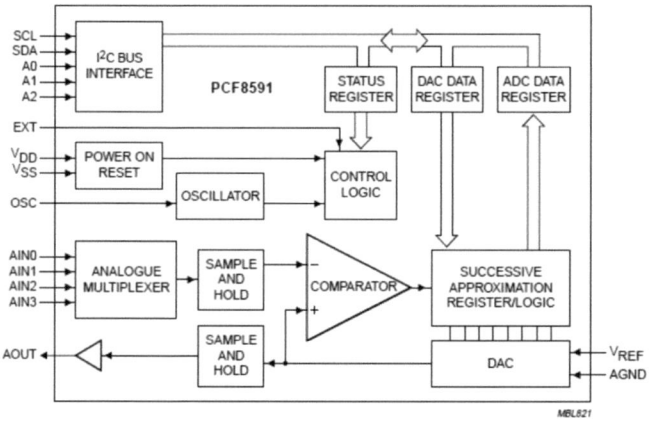

Abbildung 44   Blockschema PCF8591

Das Interface zum Mini-PC wird durch die beiden I²C-Leitungen SCL und SDA gebildet. Über die Leitungen A2–A0 erfolgt die Adressierung des Bausteins am I²C-Bus, wodurch acht PCF8591 am selben I²C-Bus betrieben werden können.

Für die in diesem Beitrag vorzustellende Erweiterung mit Lua ist es unerheblich, welches System zur Messwerterfassung eingesetzt wird.

Aus Aufwandsgründen werden wir mit dem PCF8591 arbeiten. Abbildung 45 zeigt die Beschaltung des PCF8591 für eine erste Inbetriebnahme.

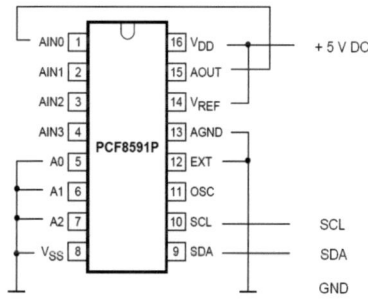

Abbildung 45   Beschaltung PCF8591

Die Eingänge A2-A0 werden mit GND verbunden, wodurch die Deviceadresse mit 0 vorgegeben ist. Der Analogeingang AIN0 wird mit dem Analogausgang AOUT verbunden, um die Kennlinie des AD-DA-Systems zu erfassen. Als Referenzspannung VREF wird der Einfachheit halber die Betriebsspannung VDD verwendet. Ebenso werden GND und AGND miteinander verbunden. Durch das Verbinden des Anschlusses EXT mit GND wird die AD-Umsetzung durch den internen Oszillator gesteuert.

Die Verbindung der Leitungen SCL und SDA muss an der Pfostenleiste des Baseboards direkt erfolgen, da diese Leitungen hier enden. Gleichzeitig werden VDD und GND mit Hilfe eines Flachbandkabels abgegriffen. Abbildung 46 zeigt den Anschluss an der Unterseite des Boards.

Abbildung 46   I²C-Anschluss Mini-PC

9.1.3   PCF8571 Testprogramm

Das hier vorzustellende PCF8591 Testprogramm dient erst mal der Inbetriebnahme der eingesetzten Baugruppe an sich.

Der Zugriff auf den Baustein PCF8591 erfolgt über die zwei Funktionen `put-DAC()` und `getADC()`, die über BIOS-Interrupts einen I²C-Zugriff realisieren.

Wichtig ist an dieser Stelle, mindestens mit der Version 1.88 des BIOS für die 386EX-Card III zu arbeiten, da die Vorgängerversion bei den hier verwendeten BIOS-Interrupts noch fehlerbehaftet war.

Als Compiler wurde der frei verfügbare Open-Source C/C++ Compiler Open Watcom eingesetzt, der von der Website www.openwatcom.org herunter geladen werden kann. Auf der Webseite zum Buch [22] ist ein Link zum Compiler enthalten, so dass die hier besprochenen Programmbeispiele direkt angepasst, verändert und kompiliert werden können.

Die DA- bzw. AD-Umsetzung mit einem PCF8591 setzt die in Abbildung 47 dargestellte Kommunikation zwischen dem Mini-PC (I^2C-Bus-Master) und dem PCF8591 voraus.

PCF8591 DA-Umsetzung

| S | | Address | | 0 | A | | Control Byte | | A | | DA Byte | | A | S |

PCF8591 AD-Umsetzung

| S | | Address | | 0 | A | | Control Byte | | A | S |
| S | | Address | | 1 | A | | AD Byte | | A | | AD Byte | | A | S |

Abbildung 47 I^2C-Bus-Kommunikation bei DA- und AD-Umsetzung mit PCF8591

Sowohl DA- als auch AD-Umsetzung beginnen jeweils mit der Adressierung des PCF8591. Die Adressierung des PCF8591 erfolgt über die Device Address gemäß

Abbildung 48. Die oberen vier Bits stellen den Device Identifier dar, der für einen PCF8591 immer 0x9 (1001) ist. Der untere Teil besteht aus drei Adressbits, die den Anschluss von bis zu acht PCF8591 am gleichen I^2C-Bus erlauben. Eingestellt wird dieser Teil der Adresse über die Beschaltung der Pins A2-A0 am Baustein selbst. Das LSB signalisiert einen anschließenden Lese- (RW=0) bzw. Schreibzugriff (RW=1) auf das betreffende I^2C-Bus-Device.

| 1 | 0 | 0 | 1 | A2 | A1 | A0 | RW |

Abbildung 48 Adressierung PCF8591

Um die in Abbildung 47 und Abbildung 48 grau markierten Bits muss man sich bei der hier vorgenommenen Programmierung über BIOS-Interrupts nicht weiter kümmern, da die Behandlung im BIOS gekapselt erfolgt.

Bei der DA-Umsetzung wird als erstes Datenbyte das Controlbyte gesendet, welches den PCF8591 konfiguriert. Im Falle einer DA-Umsetzung ist hier nur das Analog Output Enable Flag zu setzen, wodurch das Controlbyte den Wert 0x40 annimmt. Der restliche Inhalt des Controlbyte ist für die DA-Umsetzung unerheblich, konfiguriert aber das Verhalten des AD-Umsetzers für eine (irgendwann) folgende AD-Umsetzung (Abbildung 49). In der Funktion putDAC()

werden deshalb alle erforderlichen Daten für die DA-Umsetzung in die Prozessorregister geschrieben, bevor durch Aufruf des BIOS-Interrupts der in Abbildung 47 gezeigte Datenaustausch angestoßen wird. Die Funktion put-DAC() gibt den Wert des Carry Flags (CFLAG) zurück, der Auskunft über den Erfolg der Transaktion gibt.

Die AD-Umsetzung setzt die gewünschte Konfiguration des AD-Umsetzers voraus. Deshalb wird bei der hier vorgenommenen Implementierung vor jeder AD-Umsetzung zuerst das Controlbyte an den Baustein gesendet. Abbildung 49 zeigt einen Auszug aus dem PCF8591 Datenblatt [14], der die Konfigurationsmöglichkeiten beschreibt.

In unserem in Listing 22 dargestellten Testprogramm wollen wir den Ausgangswert des DA-Umsetzers mit Kanal 0 des AD-Umsetzers (als Single-Ended geschaltet) abfragen. Das Controlbyte behält in diesem Fall den Wert 0x40, da alle den AD-Umsetzer betreffenden Bits gleich Null sind. In der Funktion getADC() wird nach dem Senden des Controlbytes das Resultat des AD-Umsetzers zweimal gelesen. Der Grund für das zweimalige Lesen liegt darin, dass beim ersten Mal immer der Wert der vorangegangenen Umsetzung (oder der Wert 0x80 nach dem Einschalten) gelesen wird. Der zweite Wert widerspiegelt dann den Wert zum Umsetzungszeitpunkt. Die Carry Flags der beiden Operationen werden verknüpft und geben wieder Auskunft über den Erfolg der Transaktionen auf dem I^2C-Bus.

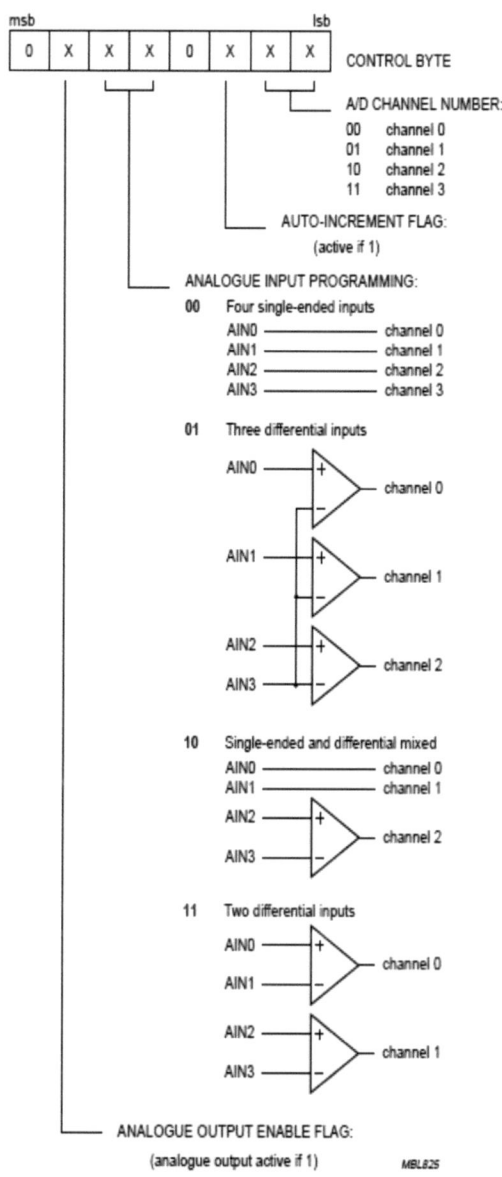

Abbildung 49   PCF8591 Control Byte

Das Testprogramm *Test_PCF8591.C* (Listing 22) selbst besteht nun aus einer Schleife, die den vom DA-Umsetzer auszugebenden Wert bei jedem Schleifendurchlauf um Eins erhöht und über den AD-Umsetzer zurück liest.

Idealerweise wären beide Werte identisch. Gemäss Datenblatt des PCF8591 ist aber mit einer Abweichung bei jedem Umsetzer von bis zu +/- 1.5 LSB zu rechnen. Die Werte für DA- und AD-Umsetzung sowie die Differenz beider werden pro Schleifendurchlauf über die Schnittstelle ausgegeben.

Abbildung 50 zeigt Start und Ausgaben des Programms *Test_PCF8591*.

```
#include <stdio.h>
#include <stdlib.h>
#include <conio.h>
#include <i86.h>                    // needed for OpenWatcom
#include "defines.h"

#define PURPOSE "\nTest of PCF8591\n"

#define PCF8591_addr 0x90      // Device Addr = 0
#define PCF8591_conf 0x40

byte_t config, adc_value, dac_value = 0;

void status_LED(byte_t state);
boolean_t getADC(byte_t config, byte_t * adc_value);
boolean_t putDAC(byte_t dac_value);

int main(void)
{
    printf(PURPOSE);
    while (!kbhit())
    {
        if (!putDAC(dac_value))
        {
            delay(100);
            status_LED(ON);                    // Status LED on
            delay(100);
            if (!getADC(PCF8591_conf, & adc_value))
            {
                printf("%02X\t%02X\t%4d\n", dac_value, adc_value,
adc_value-dac_value);
            }
            status_LED(OFF);
        }
        dac_value++;
    }
    printf("\nProgram finished.\n");
    system("PAUSE"); // for test on PC only
    return 0;
```

```
}

void status_LED(byte_t state)
{
    outp(0x334, state);
}

boolean_t putDAC(byte_t dac_value)
{
    inregs.w.ax = 0xC32D;              // printf("%04X ", inregs.x.ax);
    inregs.h.ch = PCF8591_addr;        // printf("%02X ", inregs.h.ch);
    inregs.h.bh = PCF8591_conf;        // printf("%02X ", inregs.h.bh);
    inregs.h.bl = dac_value;           // printf("%02X\t", inregs.h.bl);
    int386(0x15, &inregs, &outregs);
    return outregs.w.cflag;
}

boolean_t getADC(byte_t config, byte_t * adc_value)
{
    boolean_t flag;

    inregs.w.ax = 0xC32B;              // printf("%04X ", inregs.x.ax);
    inregs.h.ch = PCF8591_addr;        // printf("%02X ", inregs.h.ch);
    inregs.h.bl = config;              // printf("%02X ", inregs.h.bl);
    int386(0x15, &inregs, &outregs);
    flag = outregs.x.cflag;

    inregs.w.ax = 0xC32C;              // printf("%04X ", inregs.x.ax);
    inregs.h.ch = PCF8591_addr;        // printf("%02X ", inregs.h.ch);
    int386(0x15, &inregs, &outregs);
    * adc_value = outregs.h.al;        // printf("%02X ", outregs.h.ah);
printf("%02X\t", outregs.h.al);
    return outregs.x.cflag || flag;
}
```

Listing 22   Quelltext *Test_PCF8591.C*

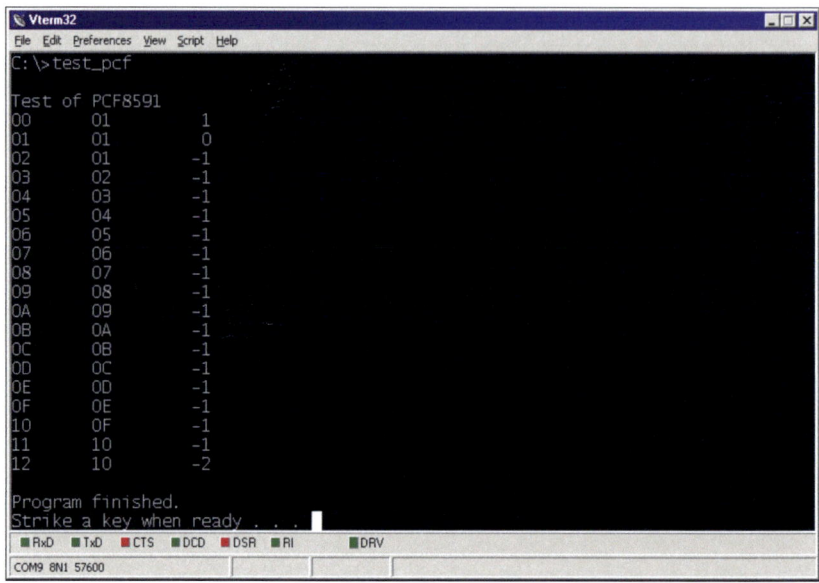

Abbildung 50   Start und Ausgaben des Programms *TEST_PCF.EXE*

Um die Eigenschaften des PCF8591-AD-DA-Systems zu verdeutlichen, wurde ein kompletter Durchlauf im Terminalprogramm mitgeschnitten und einer Auswertung unterzogen.

Abbildung 51 zeigt die Abweichungen des Wertes des AD-Umsetzers von den Vorgaben des DA-Umsetzers. Es ist deutlich erkennbar, dass die meisten Werte -1 oder -2 LSB abweichen. Das in Abbildung 52 dargestellte Histogramm der Abweichungen zeigt die Verteilung der Abweichungen, die klar bei -1 LSB dominiert.

92

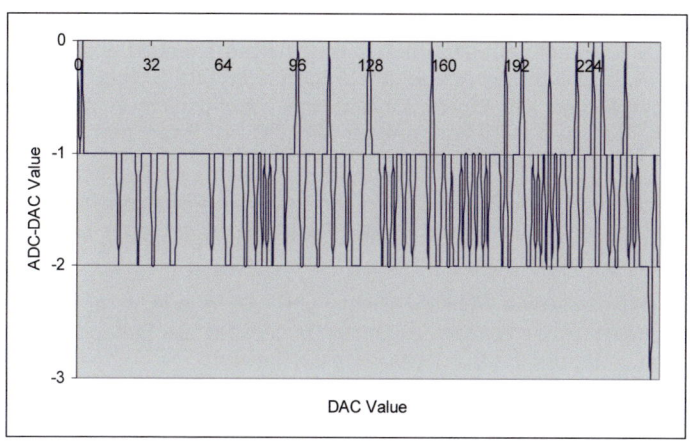

Abbildung 51   Abweichungen ADC-DAC

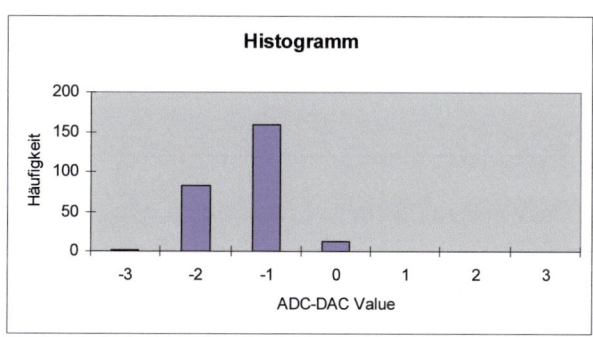

Abbildung 52   Histogramm der Abweichungen ADC-DAC

9.2   Lua Erweiterung

Um die Funktionen `putDAC()` und `getADC()` von Lua aus nutzen zu können, ist eine Datei zu erstellen, die den Lua Interpreter einbindet und mit den gewünschten C-Funktionen verknüpft. Basis für eine solche Datei wären dann die Funktionen des vorgestellten PCF8591 Testprogramms.

In der letzten Abschnitt hatten wir Lua auf einem PC laufen und die Lua Erweiterungen in einer DLL gemacht. Während der Laufzeit wurde die Erweiterung mit dem Befehl `require` hinzugeladen.

Für unser Embedded System möchten wir nun die Erweiterungen direkt im Lua Interpreter vornehmen, so dass wir nur ein einziges Executable auf dem Target haben. Die Lizenz von Lua erlaubt alle Änderungen und Erweiterung des Sourcecodes, ohne dass der eigene Sourcecode veröffentlicht werden muss. Als Compiler für unseren DOS-kompatiblen Mini-PC auf Basis der 386EX-Card III verwenden wir wieder Open Watcom.

Bei der Festlegung mit den von Lua zu erreichenden Funktionen kamen bei uns schnell weitere, über den Zugriff zu den Funktionen `putDAC()` und `getADC()` hinausgehende Wünsche auf.

So ist es beispielsweise wünschenswert, von Lua aus auch auf die Funktion `kbhit()` zugreifen zu können. Auch der Zugriff auf die Status-LED (oder die anderen frei verfügbaren LEDs) wäre wünschenswert.

Setzt man also die Schnittstelle eine Ebene tiefer bei den BIOS-Interrupts an, dann hat man von Lua aus die gesamte BIOS-Funktionalität im Zugriff.

In der Datei *ldoslib.c* wird nun die funktionelle Verknüpfung von Lua und den C-Funktionen in der Ebene der BIOS-Interrupts umgesetzt. Listing 23 zeigt den Quelltext der Datei *ldoslib.c*, die neben den Lua-spezifischen Dateien Bestandteil des Projekts *lua.wpj* sind. Abbildung 53 zeigt die Dateien des Projekts *lua.wpj* in der Open Watcom Entwicklungsumgebung.

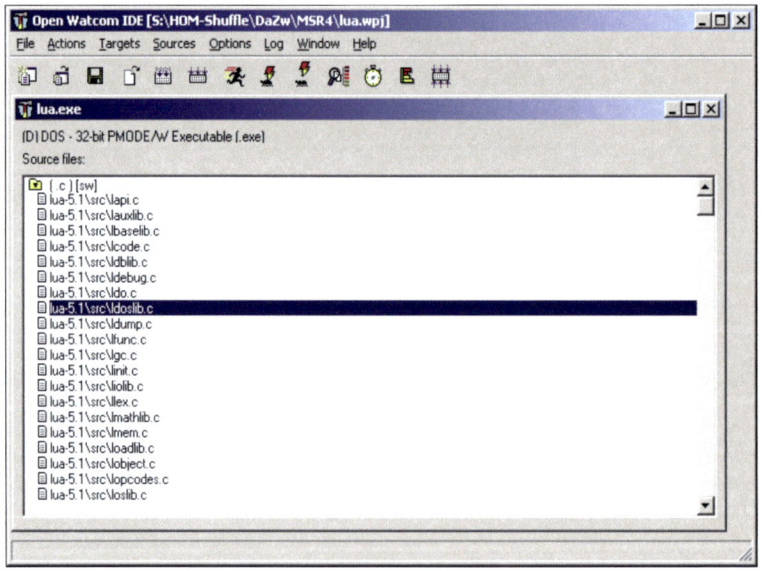

Abbildung 53   Open Watcom IDE - Dateien im Projekt *lua.wpj*

```c
#include <conio.h>
#include <i86.h>
#include <string.h>
#include "lua.h"

#include "lauxlib.h"
#include "lualib.h"

static int dos_delay (lua_State *L)
{
  unsigned int ms = (unsigned int)luaL_checkint(L, 1);

  delay(ms);

  return 0;
}

static int dos_kbhit (lua_State *L)
{
  int ret;

  ret = kbhit();

  lua_pushboolean(L, ret);

  return 1;
}

static int dos_outp (lua_State *L)
{
  unsigned ret   = 0;
  unsigned port  = (unsigned)luaL_checkint(L, 1);
  unsigned value = (unsigned)luaL_checkint(L, 2);
  const char * mode  = "";

  if(lua_gettop(L) >= 3)
      mode = luaL_checkstring(L, 3);

  if(strcmp("set", mode) == 0)
    ret = outp(port, inp(port) | value);
  else if (strcmp("clear", mode) == 0)
    ret = outp(port, inp(port) & (!value));
  else
    ret = outp(port, value);

  lua_pushnumber(L, ret);

  return 1;
}
```

```c
static int getUnsignedCharField(lua_State *L, int tableStackPos, const
char *key, unsigned char * value)
{
  int ret = 0;

  if (lua_istable(L,tableStackPos)) // doublecheck
  {
    lua_getfield(L,tableStackPos,key);
    if (!lua_isnil(L,-1)) // is key in table
    {
      if (lua_isnumber(L, -1))
      {
        ret = 1;
        *value = (int)lua_tonumber(L, -1);
      }
      else
      {
        luaL_error(L, "invalid component in table. key: %s", key);
      }
    }
    lua_pop(L, 1);  // remove number
  }
  return ret;
}

static int getUnsignedShortField(lua_State *L, int tableStackPos, const
char *key, unsigned short * value)
{
  int ret = 0;

  if (lua_istable(L,tableStackPos)) // doublecheck
  {
    lua_getfield(L,tableStackPos,key);
    if (!lua_isnil(L,-1)) // is key in table
    {
      if (lua_isnumber(L, -1))
      {
        ret = 1;
        *value = (unsigned short)lua_tonumber(L, -1);
      }
      else
      {
        luaL_error(L, "invalid component in table. key: %s", key);
      }
    }
    lua_pop(L, 1);  // remove number
  }
  return ret;
}
```

```c
static int getUnsignedIntField(lua_State *L, int tableStackPos, const
char *key, unsigned int * value)
{
  int ret = 0;

  if (lua_istable(L,tableStackPos)) // doublecheck
  {
    lua_getfield(L,tableStackPos,key);
    if (!lua_isnil(L,-1)) // is key in table
    {
      if (lua_isnumber(L, -1))
      {
        ret = 1;
        *value = (unsigned int)lua_tonumber(L, -1);
      }
      else
      {
        luaL_error(L, "invalid component in table. key: %s", key);
      }
    }
    lua_pop(L, 1);  // remove number
  }
  return ret;
}

static void setUnsignedChar(lua_State *L, const char * key, unsigned char
value)
{
  lua_pushstring(L, key);
  lua_pushinteger(L, value);
  lua_settable(L, -3);
}

static void setUnsignedShort(lua_State *L, const char * key, unsigned
short value)
{
  lua_pushstring(L, key);
  lua_pushinteger(L, value);
  lua_settable(L, -3);
}

static void setUnsignedInt(lua_State *L, const char * key, unsigned int
value)
{
  lua_pushstring(L, key);
  lua_pushinteger(L, value);
  lua_settable(L, -3);
}

static int dos_int86 (lua_State *L)
{
```

```c
union REGS in_regs;
union REGS out_regs;
int irq = (int)luaL_checkint(L, 1);
int ret = 0;
if(lua_istable(L, 2))
{
  unsigned char vu8;
  unsigned short vu16;
  unsigned int vu32;
  /* 8Bit values */
  if(getUnsignedCharField(L, 2, "al", &vu8))
    in_regs.h.al = vu8;
  if(getUnsignedCharField(L, 2, "ah", &vu8))
    in_regs.h.ah = vu8;
  if(getUnsignedCharField(L, 2, "bl", &vu8))
    in_regs.h.bl = vu8;
  if(getUnsignedCharField(L, 2, "bh", &vu8))
    in_regs.h.bh = vu8;
  if(getUnsignedCharField(L, 2, "cl", &vu8))
    in_regs.h.cl = vu8;
  if(getUnsignedCharField(L, 2, "ch", &vu8))
    in_regs.h.ch = vu8;
  if(getUnsignedCharField(L, 2, "dl", &vu8))
    in_regs.h.dl = vu8;
  if(getUnsignedCharField(L, 2, "dh", &vu8))
    in_regs.h.dh = vu8;

  /* 16Bit values */
  if(getUnsignedShortField(L, 2, "ax", &vu16))
    in_regs.w.ax = vu16;
  if(getUnsignedShortField(L, 2, "bx", &vu16))
    in_regs.w.bx = vu16;
  if(getUnsignedShortField(L, 2, "cx", &vu16))
    in_regs.w.cx = vu16;
  if(getUnsignedShortField(L, 2, "dx", &vu16))
    in_regs.w.dx = vu16;
  if(getUnsignedShortField(L, 2, "si", &vu16))
    in_regs.w.si = vu16;
  if(getUnsignedShortField(L, 2, "di", &vu16))
    in_regs.w.di = vu16;

  /* 32Bit values */
  if(getUnsignedIntField(L, 2, "eax", &vu32))
    in_regs.x.eax = vu32;
  if(getUnsignedIntField(L, 2, "ebx", &vu32))
    in_regs.x.ebx = vu32;
  if(getUnsignedIntField(L, 2, "ecx", &vu32))
    in_regs.x.ecx = vu32;
  if(getUnsignedIntField(L, 2, "edx", &vu32))
    in_regs.x.edx = vu32;
  if(getUnsignedIntField(L, 2, "esi", &vu32))
```

```
      in_regs.x.esi = vu32;
      if(getUnsignedIntField(L, 2, "edi", &vu32))
        in_regs.x.edi = vu32;
      if(getUnsignedIntField(L, 2, "cflag", &vu32))
        in_regs.x.cflag = vu32;

      ret = int386(irq, &in_regs, &out_regs);

      lua_pushnumber(L, ret);

      lua_newtable(L);

      setUnsignedChar(L, "ah", out_regs.h.ah);
      setUnsignedChar(L, "al", out_regs.h.al);
      setUnsignedChar(L, "bh", out_regs.h.bh);
      setUnsignedChar(L, "bl", out_regs.h.bl);
      setUnsignedChar(L, "ch", out_regs.h.ch);
      setUnsignedChar(L, "cl", out_regs.h.cl);
      setUnsignedChar(L, "dh", out_regs.h.dh);
      setUnsignedChar(L, "dl", out_regs.h.dl);

      setUnsignedShort(L, "ax", out_regs.w.ax);
      setUnsignedShort(L, "bx", out_regs.w.bx);
      setUnsignedShort(L, "cx", out_regs.w.cx);
      setUnsignedShort(L, "dx", out_regs.w.dx);
      setUnsignedShort(L, "si", out_regs.w.si);
      setUnsignedShort(L, "di", out_regs.w.di);

      setUnsignedInt(L, "eax", out_regs.x.eax);
      setUnsignedInt(L, "ebx", out_regs.x.ebx);
      setUnsignedInt(L, "ecx", out_regs.x.ecx);
      setUnsignedInt(L, "edx", out_regs.x.edx);
      setUnsignedInt(L, "esi", out_regs.x.esi);
      setUnsignedInt(L, "edi", out_regs.x.edi);
      setUnsignedInt(L, "cflag", out_regs.x.cflag);
   }
   else
      luaL_error(L, "table expected");

   return 2;
}

static const luaL_Reg doslib[] = {
   {"outp",    dos_outp},
   {"int86",   dos_int86},
   {"kbhit",   dos_kbhit},
   {"delay",   dos_delay},
   {NULL, NULL}
};

/*
```

```
** Open dos library
*/
LUALIB_API int luaopen_dos (lua_State *L) {
  luaL_register(L, LUA_DOSLIBNAME, doslib);
  return 1;
}
```

Listing 23   Quelltext *ldoslib.c*

Wenn wir uns im Folgenden mit dem Quelltext der Datei *ldoslib.c* befassen,
dann sei daran erinnert, dass die Parameterübergaben in Lua über einen Stack
erfolgen.

Der Funktion `dos_delay()` wird die Zahl der Millisekunden für eine Verzöge-
rungszeit als Integer übergeben. Nach dem Check dieses Wertes wird er in der
lokalen Variablen `ms` abgespeichert und der Funktion `delay(ms)` übergeben.
Da die Funktion `delay(ms)` keinen Rückgabewert aufweist, legt die Funktion
`dos_delay()` den Wert "0" (keine Rückgabeparameter) auf den Stack.

Die Funktion `dos_kbhit()` bezieht keine Parameter vom Stack und ruft unmit-
telbar die Funktion `kbhit()` auf. Diese Funktion gibt ein Flag zurück, das bei
Betätigung der Tastatur bzw. einer Konsoleneingabe TRUE ist. Dieses Flag
wird in der Variablen `ret` zwischengespeichert und als Boolean auf den Stack
gelegt.

Die Funktion `dos_outp()` erwartet mindestens zwei Parameter auf dem Stack,
die auf das Format Integer hin überprüft werden. Ein dritter Parameter als String
ist möglich. Sind nur zwei Parameter gültig, dann wird der übergebene Wert in
den adressierten Port geschrieben. Lautet der dritte Parameter "set", dann erfolgt als erstes ein Lesezugriff auf den adressierten Port und dann eine Oder-
Verknüpfung mit dem zu schreibenden Wert (Read before Write). Lautet der
dritte Parameter "clear" erfolgt wiederum als erstes ein Lesezugriff gefolgt vom
Schreiben des Und-verknüpften, invertierten Werts. Die folgende Tabelle zeigt
die logischen Verknüpfungen unter der Voraussetzung, dass vom Eingang der
Wert 0xAA gelesen wird.

Command	"set"	"clear"	""
Value	0x40 (0b0100 0000)	0x40	0x40
Input	0xAA (0b1010 1010)	0xAA	0xXX
Output	0xEA (0b1110 1010)	0xAA	0x40

Der Rückgabewert der Funktion `dos_outp()` wird auf den Stack gelegt.

Die Funktionen `getUnsignedCharField()`, `getUnsignedShortField()` und `getUnsignedIntField()` sowie `setUnsignedChar()`, `setUnsignedShort()` und `setUnsignedInt()` sind Hilfsfunktionen für die Funktion `dos_int86()`. Mit den get-Funktionen werden die übergebenen Parameter den CPU-Registern (inregs) zugeordnet, während die set-Funktionen eine Tabelle mit den Ergebnissen der CPU-Register (outregs) beschreiben.

In der Tabelle `doslib[]` werden nun die C-Funktionen mit Lua-Funktionsaufrufen verknüpft. Ein Aufruf der Lua-Funktion `outp()` wird also zukünftig die C-Funktion `dos_outp()` aufrufen.

Mit dem letzten Eintrag in Listing 23 wird die in der Datei *ldoslib.c* definierte DOS Library geöffnet und steht Lua als Erweiterung zur Verfügung.

Die Datei *lualib.h* erweitern wir noch um die Deklaration der Funktion `luaopen_dos`:

```
#define LUA_DOSLIBNAME "dos"
LUALIB_API int (luaopen_dos) (lua_State *L);
```

Damit der Lua Interpreter die Erweiterung automatisch lädt, erweitern wir in der Datei *linit.c* die Liste mit den automatisch geladenen Bibliotheken:

```
static const luaL_Reg lualibs[] = {
  {"", luaopen_base},
  ...
  {LUA_MATHLIBNAME, luaopen_math},
  {LUA_DOSLIBNAME, luaopen_dos},
  {NULL, NULL}
};
```

Jetzt lädt der Lua Interpreter unsere Lua Erweiterung `dos` automatisch beim Start. Es ist also nicht notwendig, am Anfang eines Scripts `require "dos"` zu schreiben.

Die Anwendung der in der Datei *ldoslib.c* definierten Funktionen zeigt die Datei *minipc.lua* (Listing 24).

```
local M = {}
minipc = M

function M.setStatusLED(on)
  if on then
    dos.outp(0x334, 64, "set")
  else
    dos.outp(0x334, 64, "clear")
```

```lua
    end
end

function M.eepromWrite(addr, value)
  dos.int86(0x15, {ax = 0xC321, bh = addr, bl = value})
end

function M.eepromRead(addr)
  local _, out_regs = dos.int86(0x15, {ax = 0xC320, bh = addr})
  return out_regs.al;
end

function M.snRead()
  local _, out_regs = dos.int86(0x15, {ax = 0xC330})
  return string.format("%04X:%04X:%04X", out_regs.cx, out_regs.bx,
out_regs.ax)
end

function M.systemTimerRead()
  local _, out_regs = dos.int86(0x1A, {ah = 0x00})
  return out_regs.cx * (2 ^ 16) + out_regs.dx
end

function M.i2cPutDAC(value)
  local _, out_regs = dos.int86(0x15, {ah=0xC3, al=0x2D, ch=0x90,
bh=0x40, bl=value})
  if out_regs.cflag == 0 then
    return true
  else
    return false
  end
end

function M.i2cGetADC(config)
  local _, out_regs = dos.int86(0x15, {ah=0xC3, al=0x2B, ch=0x90,
bl=config})
  if out_regs.cflag == 0 then
    _, out_regs = dos.int86(0x15, {ah=0xC3, al=0x2C, ch=0x90})
    if out_regs.cflag == 0 then
      return true, out_regs.al
    else
      return false
    end
  else
    return false
  end
end
```

Listing 24 Quelltext *minipc.lua*

Zu Beginn von Listing 24 wird die lokale Variable M als leere Tabelle definiert. Die Variable ist nach aussen hin nicht sichtbar. Wohl aber die Variable minipc, der M zugewiesen wird. Der Vorteil dieses Konstrukts ist, dass die Aufrufe nun zum Beispiel in der Form minipc.i2cGetADC(config) erfolgen können.

Die Funktion setStatusLED() dient dem Ein- und Ausschalten der orangen LED am Mini-PC. Da Lua keine Bitoperationen kennt war die Funktion dos_outp() in einer erweiterten Form definiert worden. Durch Aufruf der Funktion setStatusLED(true) wird die LED über dos.outp(0x334, 0x40, „set") eingeschaltet, übergibt man der Funktion false, dann wird sie mit dos.outp(0x334, 0x40, „clear") ausgeschaltet.

Die 386EX-Card III ist mit einem EEPROM 24C02 ausgestattet, der u.a. zum Abspeichern von Konfigurationsdaten verwendet werden kann. Der Zugriff auf diesen Speicher erfolgt byteweise. Die Funktion eepromWrite(addr, value) schreibt das Datenbyte value an die Adresse addr. Die Funktion eepromRead(addr) liest ein Datenbyte von der Adresse addr.

Das vom EEPROM gelesene Byte wird über die Register out_regs in die Tabelle L geschrieben, die als zweites Ergebnis auf den Stack gelegt wird. Der erste Stackeintrag ist der Rückgabewert ret des int86-Aufrufs. Um auf den uns interessierenden und im Register AL abgelegten Wert des gelesenen Datenbytes zuzugreifen, müssen beide Stackeinträge gelesen werden. Der hier nicht interessierende Wert ret wird der Variablen _ zugewiesen und landet damit im Nirwana. Die Variable out_regs.al beinhaltet das gelesene Datenbyte und dient nun als Rückgabewert der Funktion eepromRead().

Die Funktion snRead() ist praktisch identisch zur Funktion eepromRead() aufgebaut, nur dass hier eine formatierter String, der die Hardware-Seriennummer beinhaltet, zurückgegeben wird.

Die Funktion systemTimerRead() stellt die Systemzeit als 32-Bit Rückgabewert zur Verfügung. Während des Bootvorgangs wird diese System Timer Variable mit der RTC synchronisiert. Die DOS Systemzeit wird von dieser Variablen abgeleitet.

Die nächsten beiden Funktionen i2cPutDAC(value) und i2cGetADC(config) sind die Grundfunktionen für unser zu implementierendes Messsystem.

Die Funktion i2cPutDAC(value) schreibt den Ausgabewert des DA-Umsetzers value in das CPU-Register BL. Die Adressierung des PCF8591 wurde hier mit CH = 0x90 fest vorgegeben. Die Adressleitungen A2-A0 des PCF8591 sind also mit GND zu verbinden. Die Konfiguration des Bausteins erfolgt durch BH = 0x40, wodurch das Analogue Output Enable Bit gesetzt wird. Das Carry Flag (CFLAG) zeigt an, ob der I²C-Bus Zugriff erfolgreich war. Entsprechend dem Inhalt dieser Variablen wird der boolesche Rückgabewert auf true oder false gesetzt.

Die Funktion `i2cGetADC(config)` übergibt dem AD-Umsetzer ein Controlbyte, welches gemäß Abbildung 49 aufgebaut sein muss. Damit kann der AD-Umsetzer sehr flexibel konfiguriert werden. Die Adressierung ist wiederum fest vorgegeben. In einem zweiten I^2C-Bus Zugriff werden dann zwei aufeinander folgende Ergebnisse der AD-Umsetzung gelesen. Im Register AL steht das Ergebnis der aktuellen Umsetzung, welches bei fehlerfreiem I^2C-Bus Zugriff zusammen mit einem booleschen Rückgabewert (true) übergeben wird. Im Fehlerfall erfolgt nur die Rückgabe des Flags (false) ohne Ergebniswert.

Zur besseren Übersicht sind die hier verwendeten Interrupts in der folgenden Tabelle zusammen gefasst. Ein Vergleich mit dem Manual der 386EX-Card III sollte damit vereinfacht werden.

Funktion	Interrupt	Parameter (AX/AH)
Write EEPROM	0x15	0xC332
Read EEPROM	0x15	0xC320
Read Hardware Serial Number	0x15	0xC330
Write I^2C Bus (1 Byte)	0x15	0xC32B
Write I^2C Bus (2 Byte)	0x15	0xC32D
Read I^2C Bus (2 Byte)	0x15	0xC32C
Read System Timer	0x1A	0x00

Das nach der Compilierung vorliegende, ausführbare Programm *LUA.EXE* ist 244 KB gross und benötigt beim Start 254 KB RAM.

9.3 Programmbeispiele

Eine Reihe von Programmbeispielen soll das Arbeiten mit der hier vorgestellten Lua Erweiterung verdeutlichen.

9.3.1 Laufzeitmessung mit Systemtimer

Um einen Eindruck von der Abarbeitungsgeschwindigkeit zu gewinnen, die unser erweitertes Lua ermöglicht, ist im Programm *test1.lua* eine Laufzeitmessung implementiert. Listing 25 zeigt den Quelltext des Programms *test1.lua*.

```
require "minipc"

max = 1000
```

```
start = minipc.systemTimerRead()
for i=1,max do
end
stop = minipc.systemTimerRead()

print(string.format("Test 1 needs %f seconds", (stop-start) / 18.2))

start = minipc.systemTimerRead()
for i=1,max do
  minipc.setStatusLED(true)
  minipc.setStatusLED(false)
end
stop = minipc.systemTimerRead()

print(string.format("Test 2 needs %f seconds. Blink frequency is %f Hz",
(stop-start) / 18.2, max / (stop-start) * 18.2))
```

Listing 25 Quelltext *test1.lua*

Das Programm *test1.lua* besteht aus zwei Schleifen mit jeweils 1000 Durchläufen. Vor dem jeweils ersten und nach dem jeweils letzten Durchlauf wird der Systemtimer abgefragt und die Differenz der beiden Zeiten bildet die Laufzeit. Da der Systemtimer 18.2-mal pro Sekunde inkrementiert wird, ist das Ergebnis durch diesen Wert zu teilen, um eine Laufzeit in Sekunden ausgeben zu können.

Wie Abbildung 54 zeigt dauern die 1000 Durchläufe der leeren Schleife ca. 0.1 sec, während die Durchlaufzeit für das Ein-/Ausschalten der Status-LED bei 2.14 sec liegt. Hieraus berechnet das Programm auch noch eine Blinkfrequenz von ca. 466 Hz.

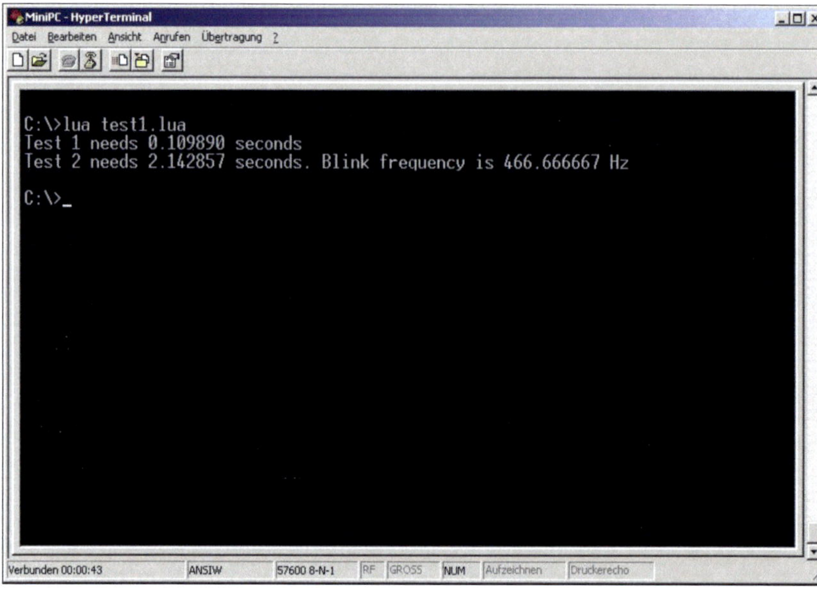

Abbildung 54 Aufruf und Ausgaben des Programms *test1.lua*

9.3.2 Zugriff auf internes EEPROM

Im internen EEPROM des Mini-PCs können nicht nur Konfigurationsdaten sondern auch beliebige andere Daten abgelegt werden. Zu beachten ist nur die beschränkte Zahl von Schreibzyklen. Hier unterscheiden sich die Angaben der verschiedenen Hersteller möglicherweise.

In unserem nächsten Programmbeispiel wollen wir das interne EEPROM für die Ablage eines Passwords nutzen. Das Password soll aber nicht im Klartext sondern als CRC32-Hashwert im EEPROM abgelegt werden. Listing 26 zeigt den Quelltext des Programmes *test2.lua*.

```
require "CRC32"
require "minipc"

--Read hash
local pwd = ""
for i=1,8 do
  c = minipc.eepromRead(i-1)
  if c == 0 then
    pwd = nil
    break
  end
  pwd = pwd .. string.char(c)
end

if pwd then
  io.stdout:write("Please enter your password: ")
  line = io.stdin:read("*line")
  hash = string.format("%08X", CRC32.Hash(line))
  if hash == pwd then
    io.stdout:write("Password is correct :-)")
  else
    io.stdout:write("Password is wrong :-(")
  end
else
  io.stdout:write("Please enter a new password: ")
  line = io.stdin:read("*line")
  hash = string.format("%08X", CRC32.Hash(line))
  for i=1,8 do
    minipc.eepromWrite(i-1, string.byte(hash, i))
  end
end
```

Listing 26 Quelltext *test2.lua*

Eine Hashfunktion kann zu einer Eingabe beliebiger Länge (das ist hier unser Password) eine kurze, möglichst eindeutige Identifikation fester Länge (den Hashwert des eingegebenen Textes) finden.

Die CRC32 Erweiterung zu Bildung des Hashwertes ist in der Datei *CRC32.lua* abgelegt, die der Autor Neil Richardson als Freeware über das Internet zur Verfügung stellt [15]. Das Programm wird an dieser Stelle nicht weiter betrachtet, ist aber ebenfalls im Downloadbereich enthalten.

Das Programm beginnt mit dem Lesen der ersten acht EEPROM Zellen, in die der Hashwert des Passwords eingetragen ist, und speichert diese in der String-variablen `pwd` ab. Steht in einer der Zellen der Wert 0, dann wird das Password als nicht existent angesehen und zu `nil` gesetzt.

In diesem Fall erfolgt die Eingabeaufforderung "Please enter a new password: ", wie beim ersten Aufruf des Programms *test2.lua* in Abbildung 55 zu sehen ist.

Aus den eingegebenen Zeichen wird durch Aufruf der Funktion `CRC32.Hash(line)` der Hashwert ermittelt und in acht Hexadezimalzeichen in die Variable `hash` konvertiert. Schliesslich wird dieser String zeichenweise ins EEPROM geschrieben.

Wurde im EEPROM der Hashwert eines Passwords vorgefunden, dann erfolgt die Eingabeaufforderung "Please enter your password: ". Nach erfolgter Eingabe wird der Hashwert gebildet und mit dem aus dem EEPROM gelesenen Wert verglichen. Beide Möglichkeiten sind in Abbildung 55 durch entsprechende Eingaben demonstriert.

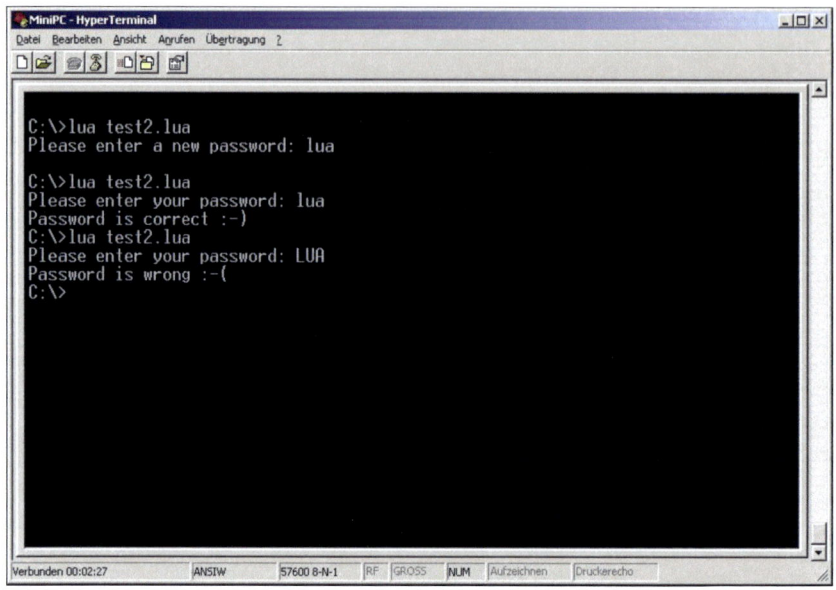

Abbildung 55   Aufruf und Ausgaben des Programms *test2.lua*

9.3.3   Test des AD-DA-Systems

Mit dem Programm Test_PCF8591 hatten wir bereits das AD-DA-System einem Kompletttest unterzogen. Hier wollen wir das Verhalten aus Lua heraus testen. Listing 27 zeigt den Quelltext des Programms *test3.lua*.

```
require "minipc"

dac_value = 0

while not dos.kbhit() do
  if minipc.i2cPutDAC(dac_value) then
    ok, adc_value = minipc.i2cGetADC(0x40)
    if ok then
      io.write(string.format("%02X\t%02X\t%4d\n", dac_value, adc_value,
adc_value-dac_value))
    end
  end
  dac_value = dac_value + 1
  if dac_value > 255 then dac_value = 0 end
end
```

Listing 27   Quelltext *test3.lua*

Das Programm ist identisch zum Programm Test_PCF8591 aufgebaut, weshalb
hier keine weiteren Erläuterungen folgen. Die Ausgaben des Programms sind
ebenso vergleichbar (Abbildung 56).

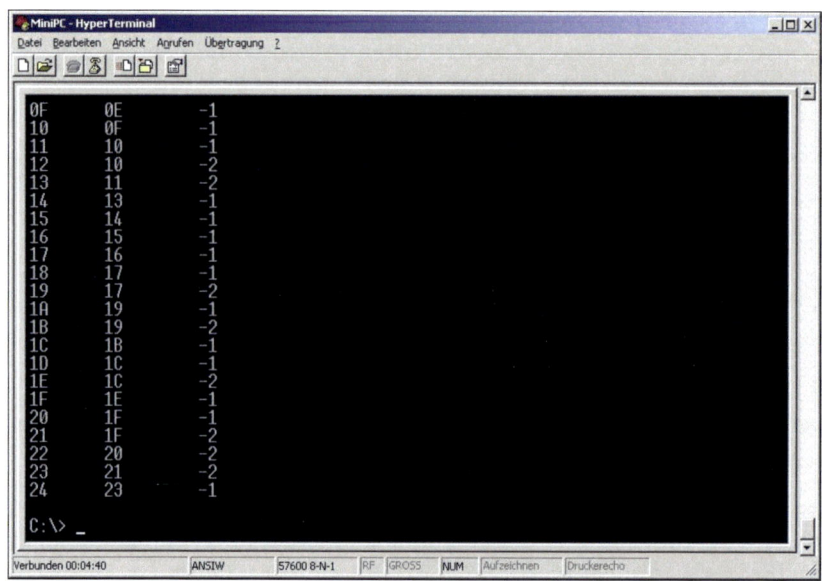

Abbildung 56   Aufruf und Ausgaben des Programms test3.lua

9.3.4   Speichern von Messwerten

Aufbauend auf dem vorangegangenen Programmbeispiel wollen wir uns hier mit einer automatisierten Kennwerteermittlung für das beschriebene AD-DA-System befassen.

Wiederum werden vom DA-Umsetzer Werte ausgegeben, die bei jedem Schleifendurchlauf inkrementiert werden. Kanal 0 des AD-Umsetzers ist mit dem Ausgang des DA-Umsetzers verbunden und erfasst den betreffenden Wert. Aus diesen Werten wird sukzessive ein Histogramm der Abweichungen von ADC-Wert zu DAC-Wert gebildet.

Nach Abbruch der Messwerterfassung durch eine Consoleneingabe erfolgen das Sortieren der Tabelle sowie die Ausgabe und das Abspeichern des Histogramms als CSV-Datei.

Bis zur Ausgabe der DAC-, ADC- und Differenzwerte (`adc_value - dac_value`) ist das Programm *test4.lua* (Listing 28) identisch *zu test3.lua*.

```
require "minipc"

dac_value = 0
histogram = {}
histogram_index = {}

while not dos.kbhit() do
  if minipc.i2cPutDAC(dac_value) then
    ok, adc_value = minipc.i2cGetADC(0x40)
    if ok then
      print(string.format("%02X\t%02X\t%4d", dac_value, adc_value,
adc_value-dac_value))
      if histogram[adc_value-dac_value] == nil then
        histogram[adc_value-dac_value] = 1
        table.insert(histogram_index, adc_value-dac_value)
      else
        histogram[adc_value-dac_value] = histogram[adc_value-dac_value] +
1
      end
    end
  end
  dac_value = dac_value + 1
  if dac_value > 255 then dac_value = 0 end
end

table.sort(histogram_index, function(a, b) return a < b end)

file = io.open("\\histo.csv", "w")
for i=1,#histogram_index do
  print(histogram_index[i], histogram[histogram_index[i]])
  file:write(string.format("%i\t%i\n", histogram_index[i], histo-
gram[histogram_index[i]]))
end
file:close()
```

Listing 28   Quelltext *test4.lua*

Zu Beginn des Programms sind allerdings noch zwei bis dahin leere Tabellen histogram und histogram_index definiert worden.

In der Tabelle histogram wird die Anzahl der Differenzwerte gezählt. Der Ausgabe folgend wird getestet, ob ein Tabelleneintrag histogram[i] schon einen Wert hat. Ist das der Fall, dann wird diese Anzahl um Eins erhöht. Wenn nicht, dann wir der betreffende Tabelleneintrag auf Eins gesetzt, d.h. die betreffende Differenz ist das erst Mal ermittelt worden.

Außerdem wird in diesem Fall der Wert noch der Tabelle histogram_index mitgeteilt. Je mehr unterschiedliche Differenzwerte gefunden werden, desto größer werden die Tabellen histogram und histogram_index.

111

Die Tabelle `histogram_index` übernimmt eine Hilfsfunktion. Da die Anordnung der Einträge in der Tabelle `histogram` nicht vorhergesagt werden kann, aber eine geordnete Ausgabe erfolgen soll, dient die Tabelle `histogram_index` zum Umsortieren für die geordnete Ausgabe.

Mit der folgenden Tabelle soll der Sachverhalt verdeutlicht werden.

histogram					
Index	-1	0	-3	-2	1
Value	1487	31	1	614	1
histogram_index					
Index	1	2	3	4	5
Value	-1	0	-3	-2	1
histogram_index (sorted)					
Index	1	2	3	4	5
Value	-3	-2	-1	0	1
histogram value	1	614	1487	31	1

Die Darstellungen für `histogram` und `histogram_index` kennzeichnen willkürlich die Ausgangssituation. Durch das Sortieren der Tabelle `histogram_index` erhalten wir die sortierten Indizes für den Zugriff auf die Tabelle `histogram`. Damit können durch die folgende Sequenz eine sortierte Ausgabe und ein sortiertes Abspeichern des Histogramms erfolgen.

```
for i=1,#histogram_index do
  print(histogram_index[i], histogram[histogram_index[i]])
  file:write(string.format("%i\t%i\n", histogram_index[i], histo-
gram[histogram_index[i]]))
end
```

Abbildung 57 zeigt die Ausgaben des Programms *test4.lua*. In der ersten Phase sind die ermittelten Messwerte (bis zum DAC-Wert 0x55) zu sehen, dann wurde die Erfassung abgebrochen und dann die Zahlenwerte des Histogramms ausgegeben.

Die Zahlenwerte des Histogramms stehen als Datei *histo.csv* zur weiteren Bearbeitung zur Verfügung. Abbildung 58 zeigt eine mit Excel erzeugte grafische Darstellung des Histogramms, die die Genauigkeit des AD-DA-Systems sehr deutlich beschreibt. Lässt man bei der Messwerterfassung genügend Schleifen-durchläufe zu, sind diese Angaben auch noch statistisch gut abgesichert.

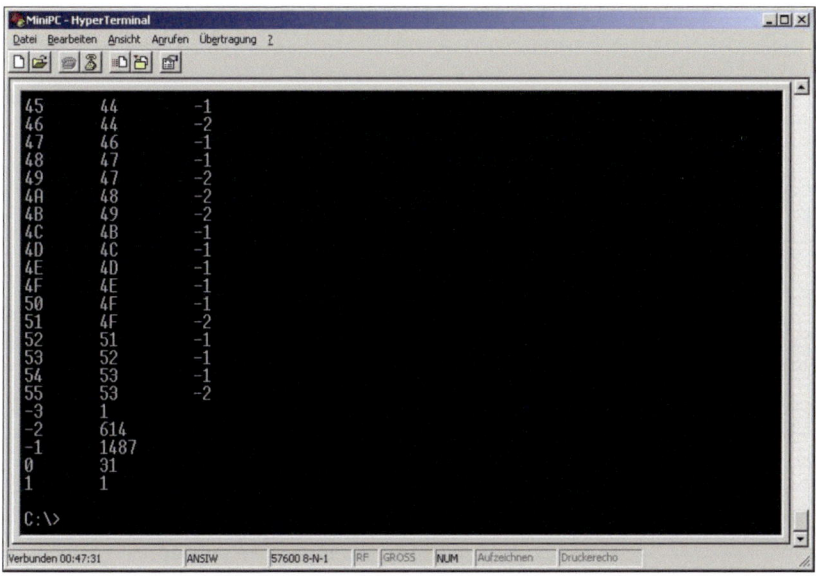

Abbildung 57   Aufruf und Ausgaben des Programms *test4.lua*

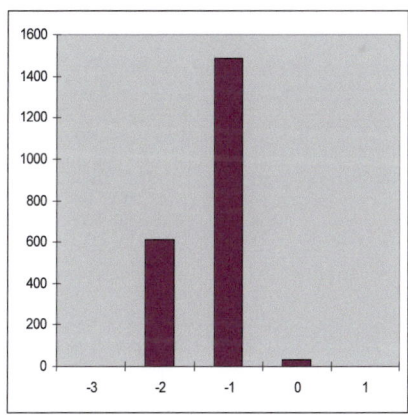

Abbildung 58   Histogramm der Abweichungen

10. Lua im Embedded Linux System

In diesem Kapitel wollen wir zeigen, wie Lua in einem Embedded System unter Linux eingesetzt werden kann. Das Fox Board G20 auf Basis eines Atmel AT91SAM9G20 (ARM9) soll uns dabei als Hardwareplattform dienen.

10.1 Eingesetzte Hardware

Mit dem FOX Board G20 stellt der italienische Hersteller ACME Systems (www.acmesystems.it) ein komplettes Linux-basiertes Rechnersystem auf einem halben Quadratdezimeter zur Verfügung.

Das FOX Board G20 ist mit dem Micro-CPU Modul Netus G20 bestückt, dessen Kern eine 400 MHz ARM9 CPU in Form des Atmel AT91SAM9G20 Controllers bildet [16].

Der kompakte Aufbau des FOX Board G20 ist in Abbildung 59 gezeigt.

Abbildung 59   FOX Board G20

Das Netus G20 Micro-CPU Modul ist durch folgende Ausstattungsmerkmale gekennzeichnet:

CPU	
	CPU Atmel AT91SAM9G20 / 400MHz mit ARM926EJ-S Kern

Speicher	
	64 MB SDRAM
	8 MB Daten-Flash
	2 GB per Micro-SD Karte

Firmware	
	Kernel 2.6.38 and Debian "Squeeze" 6.0
	AcmeBoot - Bootloader

Schnittstellen	
	1 x USB 2.0 Device Port
	2 x USB 2.0 Host Ports
	1 x Ethernet MAC 10/100 Base T Port
	1 x Image Sensor Schnittstelle (ITU-R BT. 601/656 12 bit)
	1 x Zwei-Slot MultiMedia Card Interface (MCI), SDCard/SDIO
	4 x USART (RS232/422/485)
	2 x UARTs (nur Rx und Tx)
	2 x SPI (Master/Slave Serial Peripheral Interfaces)
	1 x SSC (Synchronous Serial Controller, I²S)
	2 x TWI (Two Wire Interface) (I2C)
	1 x Vierkanal 10-bit ADC
	2 x Dreikanal 16-bit Timer/Counters mit PWM
	80 GPIOS, JTAG, etc.

An der linken und rechten Seite des FOX Board G20 (Abbildung 60) sind die 40-poligen Expansionsports J7 und J6 zu finden.

Alle relevanten Anschlüsse sind auf diese Ports herausgeführt. Eine detaillierte Beschreibung ist auf der Website des Herstellers unter http://www.acmesystems.it/pinout zu finden.

Abbildung 60   FOX Board G20

Die sechspolige Stiftleiste rechts unten dient dem Anschluss des Debug Port Interfaces (DPI). Abbildung 61 zeigt den kompakten Aufbau des DPIs.

Abbildung 61   Debug Port Interface

Das DPI erlaubt den Zugriff auf das FOX Board G20 Debug Port über USB (Virtual COM Port).

Über das DPI können die Systemmeldungen während des Bootprozesses verfolgt werden. Darüber hinaus steht das DPI als Userinterface auf der Ebene der Kommandozeile zur Verfügung.

Der Virtual COM Port Treiber ist üblicherweise Bestandteil des PC-Betriebssystems. Sollte er nicht gefunden werden, dann kann er von der Website www.ftdichip.com herunter geladen werden.

Auf der PC-Seite empfiehlt sich die Verwendung des freien Telnet/SSH Clients PuTTY, der auch einen seriellen Zugriff erlaubt und von der URL http://www.chiark.greenend.org.uk/~sgtatham/putty/download.html herunter geladen werden kann.

Zur Kommunikation mit dem DPI wird von PuTTY die folgende Konfiguration erwartet:

- Connection type: Serial

- Serial line: COMx (x bezeichnet die durch den FTDI Treiber belegte Portnummer)

- Speed: 115200

Nach Ablauf des Bootsprozesses kann mit dem Kommando **free** der vorhandene Speicherplatz überprüft werden.

Abbildung 62 zeigt die Speicheraufteilung. Mit der vorgenommenen Konfiguration stehen für ausführbare Programme (Executables) bis zu 606 KB zur Verfügung.

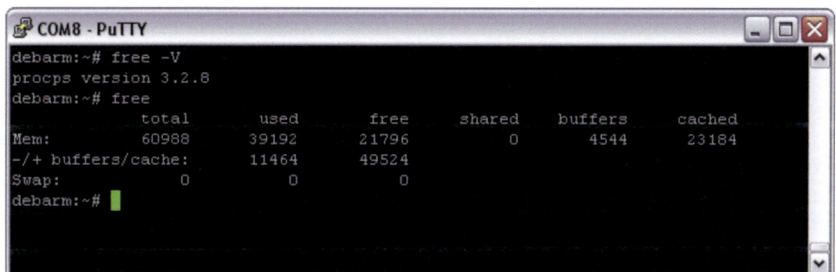

Abbildung 62   Speicheraufteilung FOX Board G20

10.2 Installation von Lua

Auf der Lua Website *lua.org* finden wir die Sourcen für die zu verwendende Lua Version. Für die hier verwendete V.5.1.4 lautet der Aufruf zum Download dann

```
wget http://www.lua.org/ftp/lua-5.1.4.tar.gz
```

Im Dezember 2011 wurde die Lua Version 5.2 freigegeben. Die Version 5.2 unterscheidet sich von der 5.1.4 vor allem hinsichtlich Erweiterungen bei der Garbadge Collection und bei Bitoperationen. Außerdem ist ein goto Statement hinzu gekommen.

In den folgenden Ausführungen wird Lua weiterhin in der Version 5.1.4 verwendet. Dafür sprechen die folgenden Gründe:

- Die heute verfügbare Literatur zu Lua bezieht sich (noch) fast ausnahmslos auf die V.5.1, wie auch die von den Autoren bislang erschienenen Beiträge.

- Die in der V.5.2 enthaltenen Neuerungen bringen uns hier nicht wesentlich weiter.

Wer sofort mit der aktuellen Version von Lua arbeiten will, erreicht diese über den Aufruf

```
wget http://www.lua.org/ftp/lua-5.2.0.tar.gz
```

Abbildung 63 zeigt in der Form eines Screenshots den Download der Lua Sourcen als knapp 220 KByte großes komprimiertes Archiv (Tarball) und das mit dem Kommando:

```
tar xvzf lua-5.1.4.tar.gz
```

in einem Schritt durchgeführte Entpacken und Extrahieren des Tarballs.

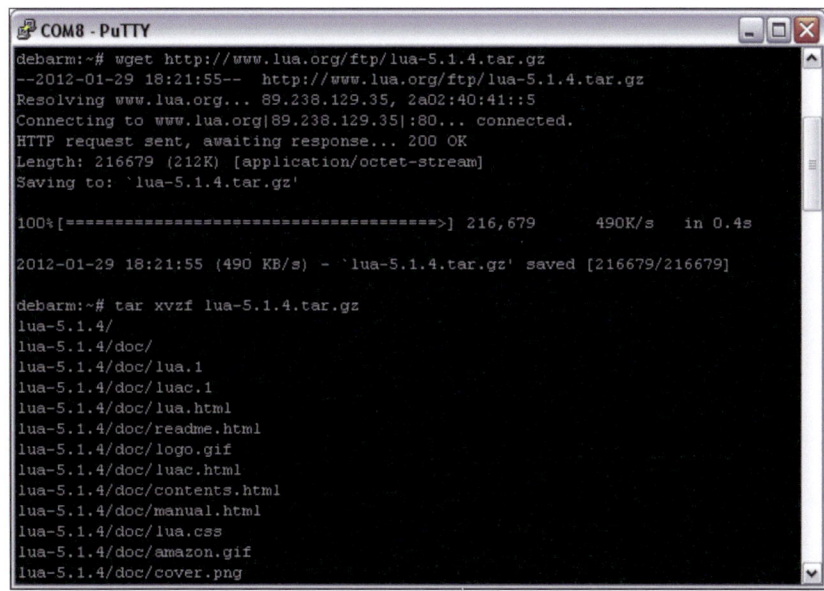

Abbildung 63   Download und Entpacken von Lua V.5.1.4

Um die in der beschriebenen Weise herunter geladenen und installierten Sourcen kompilieren zu können, muss gegebenenfalls Make nachinstalliert werden.

Wie die Screenshots in Abbildung 64 (Update) und Abbildung 65 (Make) zeigen, geschieht das über die Aufrufe

```
apt-get update
apt-get install make
```

```
COM8 - PuTTY
debarm:~# apt-get update
Get:1 http://security.debian.org squeeze/updates Release.gpg [836 B]
Ign http://security.debian.org/ squeeze/updates/main Translation-en
Get:2 http://security.debian.org squeeze/updates Release [86.9 kB]
Get:3 http://ftp.it.debian.org squeeze/main Release.gpg [1672 B]
Ign http://ftp.it.debian.org/debian/ squeeze/main Translation-en
Get:4 http://ftp.it.debian.org squeeze Release [107 kB]
Ign http://security.debian.org squeeze/updates/main Sources
Ign http://security.debian.org squeeze/updates/main armel Packages
Get:5 http://security.debian.org squeeze/updates/main Sources [76.8 kB]
Ign http://ftp.it.debian.org squeeze/main Sources
Get:6 http://security.debian.org squeeze/updates/main armel Packages [236 kB]
Ign http://ftp.it.debian.org squeeze/main armel Packages
Get:7 http://ftp.it.debian.org squeeze/main Sources [5767 kB]
Get:8 http://ftp.it.debian.org squeeze/main armel Packages [8438 kB]
Fetched 14.7 MB in 47s (312 kB/s)
Reading package lists... Done
debarm:~#
```

Abbildung 64   Update des Systems

```
COM8 - PuTTY
debarm:~# apt-get install make
Reading package lists... Done
Building dependency tree
Reading state information... Done
The following packages were automatically installed and are no longer required:
  fam libmpfr1ldbl libdb4.5 portmap
Use 'apt-get autoremove' to remove them.
Suggested packages:
  make-doc
The following NEW packages will be installed:
  make
0 upgraded, 1 newly installed, 0 to remove and 37 not upgraded.
Need to get 393 kB of archives.
After this operation, 1233 kB of additional disk space will be used.
Get:1 http://ftp.it.debian.org/debian/ squeeze/main make armel 3.81-8 [393 kB]
Fetched 393 kB in 0s (603 kB/s)
Selecting previously deselected package make.
(Reading database ... 18328 files and directories currently installed.)
Unpacking make (from .../archives/make_3.81-8_armel.deb) ...
Processing triggers for man-db ...
Setting up make (3.81-8) ...
debarm:~#
```

Abbildung 65   Installation von Make

Nach einem Wechsel in das Verzeichnis lua-5.1.4 kann schließlich Lua compiliert und installiert werden. Allerdings bedarf es zusätzlich noch der GNU Readline Library, die vorher installiert werden muss. Die erforderlichen Aufrufe lauten:

```
cd lua-5.1.4

apt-get install libreadline-dev

make linux

make install
```

Abbildung 66 zeigt die Installation der GNU Readline Library.

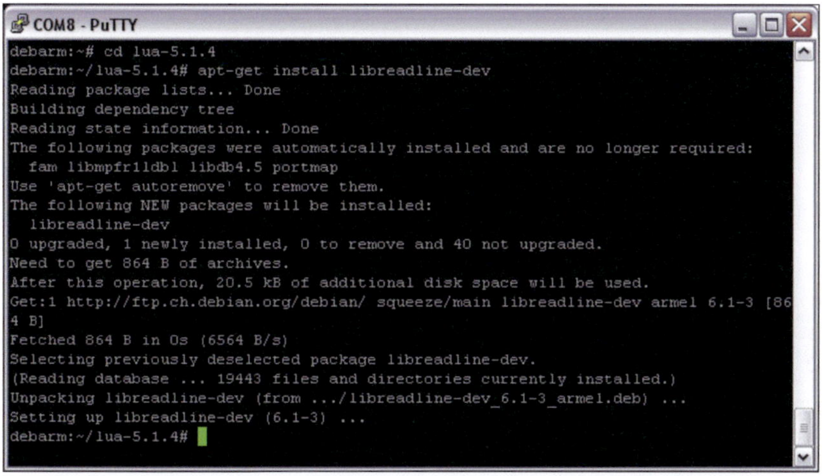

Abbildung 66   Installation der GNU Readline Library

Die Terminmalausgaben während Compilierung und Installation von Lua sind in
Abbildung 67 und Abbildung 68 gezeigt.

```
COM8 - PuTTY
debarm:~/lua-5.1.4# make linux
cd src && make linux
make[1]: Entering directory '/root/lua-5.1.4/src'
make all MYCFLAGS=-DLUA_USE_LINUX MYLIBS="-Wl,-E -ldl -lreadline -lhistory -lncurse
s"
make[2]: Entering directory '/root/lua-5.1.4/src'
gcc -O2 -Wall -DLUA_USE_LINUX   -c -o lapi.o lapi.c
gcc -O2 -Wall -DLUA_USE_LINUX   -c -o lcode.o lcode.c
gcc -O2 -Wall -DLUA_USE_LINUX   -c -o ldebug.o ldebug.c
gcc -O2 -Wall -DLUA_USE_LINUX   -c -o ldo.o ldo.c
gcc -O2 -Wall -DLUA_USE_LINUX   -c -o ldump.o ldump.c
gcc -O2 -Wall -DLUA_USE_LINUX   -c -o lfunc.o lfunc.c
gcc -O2 -Wall -DLUA_USE_LINUX   -c -o lgc.o lgc.c
gcc -O2 -Wall -DLUA_USE_LINUX   -c -o llex.o llex.c
gcc -O2 -Wall -DLUA_USE_LINUX   -c -o lmem.o lmem.c
gcc -O2 -Wall -DLUA_USE_LINUX   -c -o lobject.o lobject.c
gcc -O2 -Wall -DLUA_USE_LINUX   -c -o lopcodes.o lopcodes.c
gcc -O2 -Wall -DLUA_USE_LINUX   -c -o lparser.o lparser.c
gcc -O2 -Wall -DLUA_USE_LINUX   -c -o lstate.o lstate.c
gcc -O2 -Wall -DLUA_USE_LINUX   -c -o lstring.o lstring.c
gcc -O2 -Wall -DLUA_USE_LINUX   -c -o ltable.o ltable.c
```

Abbildung 67   Compilation von Lua

```
COM8 - PuTTY
gcc -O2 -Wall -DLUA_USE_LINUX   -c -o linit.o linit.c
ar rcu liblua.a lapi.o lcode.o ldebug.o ldo.o ldump.o lfunc.o lgc.o llex.o lmem.o l
object.o lopcodes.o lparser.o lstate.o lstring.o ltable.o ltm.o lundump.o lvm.o lzi
o.o lauxlib.o lbaselib.o ldblib.o liolib.o lmathlib.o loslib.o ltablib.o lstrlib.o
loadlib.o linit.o
ranlib liblua.a
gcc -O2 -Wall -DLUA_USE_LINUX   -c -o lua.o lua.c
gcc -o lua  lua.o liblua.a -lm -Wl,-E -ldl -lreadline -lhistory -lncurses
gcc -O2 -Wall -DLUA_USE_LINUX   -c -o luac.o luac.c
gcc -O2 -Wall -DLUA_USE_LINUX   -c -o print.o print.c
gcc -o luac  luac.o print.o liblua.a -lm -Wl,-E -ldl -lreadline -lhistory -lncurses
make[2]: Leaving directory '/root/lua-5.1.4/src'
make[1]: Leaving directory '/root/lua-5.1.4/src'
debarm:~/lua-5.1.4# make install
cd src && mkdir -p /usr/local/bin /usr/local/include /usr/local/lib /usr/local/man/
man1 /usr/local/share/lua/5.1 /usr/local/lib/lua/5.1
cd src && install -p -m 0755 lua luac /usr/local/bin
cd src && install -p -m 0644 lua.h luaconf.h lualib.h lauxlib.h ../etc/lua.hpp /usr
/local/include
cd src && install -p -m 0644 liblua.a /usr/local/lib
cd doc && install -p -m 0644 lua.1 luac.1 /usr/local/man/man1
debarm:~/lua-5.1.4#
```

Abbildung 68   Compilation (Fortsetzung) und Installation von Lua

Abbildung 69 zeigt schließlich die erzeugten Files und Verzeichnisse und den Test der Lua-Umgebung durch Aufruf des „Hello World" Skripts.

Abbildung 69
Erzeugte Dateien und Verzeichnisse sowie Test mit „Hello World"

10.3 Programmbeispiele

10.3.1 Peripheriehardware

Für diejenigen, die ungern am FOX Board G20 selbst Änderungen vornehmen wollen oder auf eine schnelles Prototyping Wert legen, stellt AcmeSystems mit den Daisy Modulen ein breites Spektrum von kleinen Modulen zur Verfügung (RS232, RS485, RS422, Relais, LED, GPIO, Display, GPRS-Modem), die ein effizientes Prototyping unterstützen [17].

Um die Daisy Module mit dem FOX Board G20 zu verbinden ist der Daisy Socket Adapter (Daisy-1) vorgesehen (Abbildung 70). Auf der Unterseite des Boards sind Steckverbinder, die die Netus G20 CPU direkt kontaktieren können, d.h. Daisy-1 wird direkt auf die Netus G20 CPU aufgesteckt.

Abbildung 70   Daisy Socker Adapter (Daisy-1)

123

Die Verbindung der Daisy Module mit dem Daisy Socket Adapter erfolgt über Flachbandkabel mit IDC Buchsen im Raster 1.27 mm (Abbildung 71).

Will man nicht die vorgefertigten, 20 cm langen Flachbandkabel verwenden, dann kann man diese auch in der gewünschten Länge selbst anfertigen (IDC Buchse JJ-02291-10P-F, Flachbandkabel FC-3754-1M).

Abbildung 71   Flachbandkabel

Die Anschlüsse des FOX Board G20 sind an den acht IDC Steckern auf dem Daiy Socket Adapter gemäss Tabelle 5 kontaktierbar.

Pin	D1 ttyS2	D2 GPIO1 ttyS5	D3 GPIO ttyS1	D4 ADC	D5 GPIO2 ttyS6	D6 ttyS4	D7 SPI01	D8 ttyS3
1	3.3V	3.3V	3.3V	3.3V	3.3V	3.3V	3.3V	3.3V
2	TXD (PB6)	PA31 (ID63-TXD)	TXD (PB4)	AVDD	PB12 (ID76-TXD)	TXD (PB10)	MOSI (PB1)	TXD2 (PB8)
3	RXD (PB7)	PA30 (ID62-RXD)	RXD (PB5)	VREF	PB13 (ID77-RXD)	RXD (PB11)	MISO (PB0)	RXD2 (PB9)
4	RTS (PB28)	PA29 (ID61)	RTS (PB26)	AGND	PB16 (ID80)	RTS (PC8)	CK (PB2)	
5	CTS (PB29)	PA28 (ID60)	CTS (PB27)	AD0 (PC0)	PB17 (ID81)	CTS (PC10)	NPCS0 (PB3)	
6		PA27 (ID59)	DSR (PB22)	AD1 (PC1)	PB18 (ID82)	PB31 (ID95)	NPCS1 (PC5)	
7	TWD (PA23)	PA26 (ID58)	DTR (PB24)	AD2 (PC2)	PB19 (ID83)	TWD (PA23)	NPCS2 (PC4)	TWD (PA23)
8	TWCK (PA24)	PA25 (ID57)	RI (PB25)	AD3 (PC3)	PB20 (ID84)	TWCK (PA24)	NPCS3 (PC3)	TWCK (PA24)
9	5V	PB30 (ID94)	CD (PB23)	5V	PB21 (ID85)	5V	5V	5V
10	GND	GND	GND	GND	GND	GND	GND	GND

Tabelle 5   Anschlussbelegung Daisy Socket Adapter (Daisy-1)

Die Beschaltung des AD-Umsetzers verändert kann direkt über den Anschluss D4 erfolgen. Für die digitale Ausgabe setzen wir ein Daisy-11 LED Module am Anschluss D2 ein (Abbildung 72).

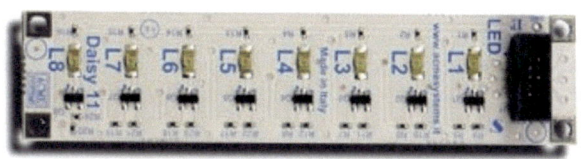

Abbildung 72   Daisy-11 LED-Module

10.3.2   Digitale I/O

Die Ansteuerung der digitalen IO in der hier vorliegenden Implementierung erfolgt bitweise. Eine Ausgabe an einem 8-Bit Port erfordert damit acht Bitoperationen.

Will man das Ausgabemuster der Ausgaberoutine als Byte übergeben, dann muss die Ausgaberoutine die Serialisierung vornehmen. Die Serialisierung lässt sich durch Maskierung eines einzelnen Bits vornehmen, an dem die einzelnen Bits des auszugebenden Bytes „vorbeigeschoben" werden, um eine bitweise Entscheidung über ein zu setzendes resp. nicht zu setzendes Ausgabebit des betreffenden Ports zu treffen.

Die folgende Skizze (Tabelle 6) soll das verdeutlichen. Das Ausgabebyte wird durch acht beliebige IO Bits gebildet, die hier durch deren Kernel ID (PA[j]) adressiert werden.

In der Variablen `value` ist das auszugebende Bitmuster abgelegt, welches dann sukzessive mit dem Maskierungsbyte (`mask = 0x01`) verknüpft wird. Ist das Ergebnis der Maskierung (AND) gleich 1, dann wird das betreffende IO Pin gesetzt, anderenfalls zurückgesetzt. Dann folgt eine Rechtsverschiebung des Bytes `value` und ein erneuter Test bis alle acht Bitpositionen durchlaufen sind.

j ⇒	8	7	6	5	4	3	2	1	⇒
value ⇒	0	0	0	0	1	0	1	1	⇒
mask	0	0	0	0	0	0	0	1	
PA[j] ⇒	94	57	58	59	60	61	62	63	⇒

Tabelle 6   Maskierung einzelner Bits

Wir wollen die Ausgabe aus Lua heraus auf unterschiedliche Weise vornehmen. Lua bietet zum einen mit der OS Library Funktionen zum Zugriff auf Systemressourcen, zum anderen kann die IO auch über Filezugriffe erfolgen.

Listing 29 zeigt das Programmbeispiel *testio2.lua*, welches den Zugriff auf die IO Pins über einen Shell Skript vornimmt, der über die Funktion `os.execute()` aus Lua heraus aufgerufen wird.

```
require 'bit'

io.write("Test digital IO from Lua & sysfs\n")

IO_PA2={63, 62, 61, 60, 59, 58, 57, 94}
IO_PB1={76, 77, 80, 81, 82, 83, 84, 85} -- not testet yet

for i,v in ipairs(IO_PA2) do
  os.execute("./ioinit.sh v")
end

while true do
  pattern = 1
  for i=1,8 do
    io.write(string.format("%2x\n",pattern))
    value = pattern
    for j=1,#IO_PA2 do
      os.execute(string.format("echo %i > /sys/class/gpio/gpio%i/value",
bit.band(value, 0x01), IO_PA2[j]))
    value=bit.brshift(value, 1)
    end
    pattern = bit.blshift(pattern, 1)
  end
end
```

Listing 29   Quelltext *testio2.lua*

Da wir hier mit Lua V.5.1.4 arbeiten, muss zu Beginn das Einbinden der Bibliothek LuaBit (http://luaforge.net/projects/bit) durch die Anweisung `require` ‚bit' erfolgen.

In der Lua Version 5.2 stehen nunmehr Bitoperationen zur Verfügung und es könnte dieser Aufruf entfallen.

Die Kernel IDs der verwendeten IO Pins (Anschluss D2) sind in der Tabelle `IO_PA2` abgelegt. Zur Demonstration ist auch noch eine Tabelle für den Anschluss D5 im Quelltext vermerkt.

Im nächsten Schritt erfolgt die Allokation und Initialisierung der IO Pins, in dem für jeden Anschluss das Shell Skript ioinit.sh mit der betreffenden Kernel ID als Parameter aufgerufen wird.

In einer Endlos-Schleife wird dann eine wandernde „1" von den acht LEDs angezeigt. Die eigentliche Ausgaberoutine ist die nachstehende Befehlssequenz:

126

```
value = pattern
for j=1,#IO_PA2 do
   os.execute(string.format("echo %i > /sys/class/gpio/gpio%i/value",
bit.band(value, 0x01), IO_PA2[j]))
   value=bit.brshift(value, 1)
end
```

In acht Bitoperationen wir das in der Variablen `value` gespeicherte Byte den IO Pins resp. den LEDs zugeordnet.

Die Funktion `bit.band()` (Bitwise AND) aus der Library LuaBit wird für die Maskierung herangezogen. Der erhaltene Ergebniswert (0|1) wird mit `echo` in das zugehörige IO Bit (`../gpio%i/value`) übertragen. Das würde man aus der Shell heraus vergleichbar machen.

Nach dem Start des Lua Skripts *testio2.lua* wird nacheinander eine LED eingeschaltet, so dass sich eine leuchtende LED recht gemächlich über die LED Leiste bewegt.

Im nächsten Programmbeispiel *testio1.lua* gemäss Listing 30 wird die Ausgabeoperation durch Filefunktionen implementiert.

```
require 'bit'

io.write("Test digital IO from Lua & sysfs\n")

IO_PA2={63, 62, 61, 60, 59, 58, 57, 94}

for i,v in ipairs(IO_PA2) do
   os.execute("./ioinit.sh v")
end

while true do
   pattern = 1
   for i=1,8 do
      io.write(string.format("%2x\n",pattern))
      value = pattern
      for j=1,#IO_PA2 do
         f = assert(io.open(string.format("/sys/class/gpio/gpio%i/value",
IO_PA2[j]), "w"))
         f:write(string.format("%i\n", bit.band(value, 0x01)))
         f:close()
      value=bit.brshift(value, 1)
      end
```

```
    pattern = bit.blshift(pattern, 1)
  end
end
```

Listing 30   Quelltext *testio1.lua*

In der Variablen `value` ist wiederum das auszugebende Byte abgelegt. In einer Schleife werden dann das betreffende IO Bit zum Schreiben geöffnet. Das Ergebnis aus der bitweisen Maskierung wird in eben dieses Bit geschrieben, bevor das betreffende (Bit-) File geschlossen wird. Der folgende Auszug aus dem Listing verdeutlicht die Fileoperationen.

```
value = pattern
for j=1,#IO_PA2 do
  f = assert(io.open(string.format("/sys/class/gpio/gpio%i/value",
IO_PA2[j]), "w"))
  f:write(string.format("%i\n", bit.band(value, 0x01)))
  f:close()
  value=bit.brshift(value, 1)
end
```

Nach dem Start des Lua Skripts *testio1.lua* wird wieder nacheinander eine LED eingeschaltet, so dass sich eine leuchtende LED hier deutlich schneller über die LED Leiste bewegt.

Mit dem Shell Skript *ioinit.sh* (Listing 31) wird die Initialisierung eines IO Pins vorgenommen, wenn dem Skript bei Aufruf eine Kernel ID als Parameter mitgegeben wird. Anderenfalls erfolgt ein Abbruch mit Ausgabe eines entsprechenden Hinweises.

```
#!/bin/bash
if [ $# -eq 0 ]
then
  echo "Usage: ioinit.sh ID (ID = Kernel-ID for IO pin)"
  exit 1
fi

echo $1 > /sys/class/gpio/export
echo out > /sys/class/gpio/gpio$1/direction
```

Listing 31   Shellskript *ioinit.sh*

10.3.3 Analog-Digitalumsetzer

Das Ergebnis einer AD-Umsetzung kann nach Installation des betreffenden Treibers mit dem Linux Kommando `cat` abgefragt worden.

Mit Hilfe der Funktion `io.popen()` kann das Resultat aus Lua heraus gelesen und einer Variablen zugewiesen werden.

```
f = assert(io.popen("cat /sys/bus/platform/devices/at91_adc/chan0"))
value = f:read("*n")
f:close()
```

Listing 32 zeigt das komplette Programmbeispiel *testio3loop.lua* mit den indirekten Zugriffen über die Shell in einer Endlos-Schleife.

Zuerst wird der AD-Umsetzer ausgelesen und es erfolgt eine Ausgabe des ADC Wertes über die Console. Durch eine Division durch Vier wird der Wertebereich des ADC Wertes (10 Bit) auf den des Ausgabeports (8 Bit) angepasst, um diesen Wert dann über die LED Zeile auszugeben.

Es schließt sich wieder die Schleife für die bitweise Ausgabe an die LED Zeile an. Die Ausgabeoperation ist hier wieder entsprechend langsam, wie an der LED Zeile deutlich zu sehen ist.

```
-- Acquire 10-bit ADC samples, compress to 8-bit value and output to port

-- Conditions:
--- Kernel driver for ADC installed
--- IO Pins allocated and initialized

require 'bit'

io.write("Read ADC and output to IO_PA2\n")

IO_PA2={63, 62, 61, 60, 59, 58, 57, 94}

while true do
    f = assert(io.popen("cat /sys/bus/platform/devices/at91_adc/chan0"))
    value = f:read("*n")
    f:close()

    io.write(string.format("ADC : %i\n", value))

    value = math.floor(value/4) -- conversion from 10-bit to 8-bit
    for j=1,#IO_PA2 do
        os.execute(string.format("echo %i > /sys/class/gpio/gpio%i/value",
bit.band(value, 0x01), IO_PA2[j]))
```

```
    value=bit.brshift(value, 1)
  end
end
```

Listing 32   Lua Skript *testio3loop.lua*

Um die Ausgabeoperation wieder zu beschleunigen, ist in Listing 33 (*testio1loop.lua*) auf Filezugriff umgestellt. Weitere Änderungen gibt es nicht. Nach Start des Skripts zeigt sich aber eine deutlich erhöhte Abarbeitungsgeschwindigkeit.

```
-- Acquire 10-bit ADC samples, compress to 8-bit value and output to port

-- Conditions:
--- Kernel driver for ADC installed
--- IO Pins allocated and initialized

require 'bit'

io.write("Read ADC and output to IO_PA2\n")

IO_PA2={63, 62, 61, 60, 59, 58, 57, 94}

while true do
  f = as-
sert(io.open(string.format("/sys/bus/platform/devices/at91_adc/chan0",
"r")))
  value = f:read("*n")
  f:close()

  io.write(string.format("ADC : %i\n", value))

  value = math.floor(value/4) -- conversion from 10-bit to 8-bit

  for j=1,#IO_PA2 do
    f = assert(io.open(string.format("/sys/class/gpio/gpio%i/value",
IO_PA2[j]), "w"))
    f:write(string.format("%i\n", bit.band(value, 0x01)))
    f:close()
    value=bit.brshift(value, 1)
  end
end
```

Listing 33 Lua Skript *testio1loop.lua*

10.3.4 I/O Benchmarks

Die in der Beobachtung festgestellten Laufzeitunterschiede sollen mit einem einfachen Test quantifiziert werden. Hierzu verwenden wir das folgende Benchmark Skript (Listing 34).

Die zu testende Codesequenz wird zwischen die beiden Kommentarzeilen eingetragen. Hier steht einfach der Aufruf eines weiteren Lua Skripts (`dofile("testio3.lua")`).

Das aufrufende Benchmark Programm ist praktisch für alles Tests mit Ausnahme der hervorgehobenen Zeile (fett markiert) identisch.

Nach dem Start des Programms wird nach der Anzahl der Wiederholungen des Tests gefragt. Hier wird man sich an eine für alle Tests vertretbare Laufzeit „herantasten". Je höher die Anzahl, desto länger die Laufzeit des Tests. Wegen der geringen Auflösung der verwendeten Zeitbasis von 1 Sekunde sollte diese Anzahl aber nicht zu gering gewählt werden.

Nach dieser Eingabe wird die Startzeit festgehalten und in die Testschleife gesprungen. Die vorgewählte Anzahl von Tests erfolgt bis dann die Endzeit genommen und die Laufzeit berechnet werden.

Das Programm *benchmark3.lua* wird mit den Ausgaben der Laufzeit aller Tests und der auf einen Test bezogenen Laufzeit beendet.

```
----------------------------------------------------
-- Benchmark runtime of code phragment
----------------------------------------------------
print("Runtime of code phragment")
io.write("Input number of loops: ")
loops = io.read("*n")

local x = os.time()   -- due to quick access defined as local

for i=1, loops do
    -- Place your code between the comment lines
    dofile("testio3.lua")
    ----------------------------------------------------
end

tm = os.time() - x
print(string.format("for %i loops elapsed time is %i sec", loops, tm))
print(string.format("calculated cycle time is %.1f msec\n", 1000 *tm
/loops))
```

Listing 34 Benchmark Skript *benchmark3.lua*

In Listing 35 bis Listing 37 sind die eingebundenen Lua Skripte mit den unterschiedlichen Methoden zur Abfrage des AD-Umsetzers, Skalierung und digitaler Ausgabe angegeben.

Um Platz zu sparen sind teilsweise nur Auszüge aus dem kompletten Listing angegeben. Die kompletten Skripte sind aber im Downloadbereich vorhanden bzw. mit den hier gezeigten Angaben rekonstruierbar.

```
-- Acquire 10-bit ADC samples, compress to 8-bit value and output to port

-- Conditions:
--- Kernel driver for ADC installed
--- IO Pins allocated and initialized

require 'bit'

IO_PA2={63, 62, 61, 60, 59, 58, 57, 94}

f = assert(io.popen("cat /sys/bus/platform/devices/at91_adc/chan0"))
value = f:read("*n")
f:close()

value = math.floor(value/4) -- conversion from 10-bit to 8-bit
for j=1,#IO_PA2 do
  os.execute(string.format("echo %i > /sys/class/gpio/gpio%i/value",
bit.band(value, 0x01), IO_PA2[j]))
  value=bit.brshift(value, 1)
end
```

Listing 35   Lua Skript *testio3.lua*


```
os.execute("cat /sys/bus/platform/devices/at91_adc/chan0 > adc")

f = assert(io.open(string.format("adc", "r")))
value = f:read("*n")
f:close()

value = math.floor(value/4)  -- conversion from 10-bit to 8-bit

for j=1,#IO_PA2 do
  os.execute(string.format("echo %i > /sys/class/gpio/gpio%i/value",
bit.band(value, 0x01), IO_PA2[j]))
  value=bit.brshift(value, 1)
end
```

Listing 36   Lua Skript *testio2.lua* (Auszug)

```
f = assert (io.open(string.format
("/sys/bus/platform/devices/at91_adc/chan0", "r")))
value = f:read("*n")
f:close()

value = math.floor(value/4) -- conversion from 10-bit to 8-bit

for j=1,#IO_PA2 do
  f = assert(io.open(string.format("/sys/class/gpio/gpio%i/value",
IO_PA2[j]), "w"))
  f:write(string.format("%i\n", bit.band(value, 0x01)))
  f:close()
  value=bit.brshift(value, 1)
end
```

Listing 37   Lua Skript *testio1.lua* (Auszug)

Interessant sind nun sicher noch die Ergebnisse der Benchmark Tests. Abbildung 73 zeigt den Aufruf und die Ergebnisse der Benchmark Tests.

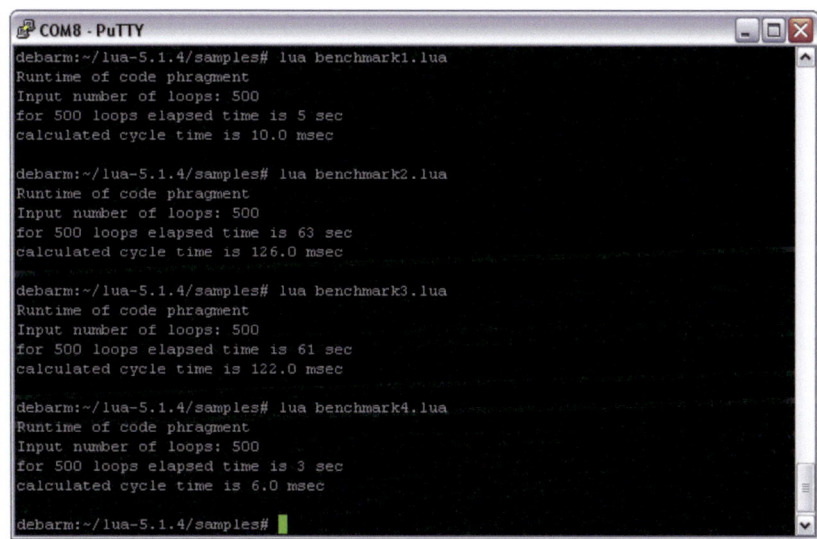

Abbildung 73   Ergebnisse der Benchmark Tests

Zur besseren Übersicht zeigt Tabelle 7 die numerischen Resultate im Vergleich.

Benchmark #	1	2	3	4
Cycle Time [ms]	10	126	122	6

Tabelle 7   Benchmark Resultate

Die beiden Tests, die primär über die Shell erfolgen (#2 und #3), sind wesentlich laufzeitintensiver als der Test über den Filezugriff (#1). Das Verhältnis der Laufzeiten liegt bei etwa 10:1. Der Zugriff über C-Funktionen (#4) zeigt die besten Ergebnisse und wird separat im folgenden Abschnitt betrachtet.

10.4 Lua mit C verknüpfen

Wir wollen im folgenden Lua durch drei C-Funktionen erweitern, die den Zugriff auf AD-Umsetzer und digitale IO sicherstellen sollen. Die Verfügbarkeit dieser beiden Funktionen mal vorausgesetzt, könnte unser Lua Skript dann wie in Listing 38 (*testio4.lua*) gezeigt aussehen. Wichtig an dieser Stelle sind erst Mal nur die drei Funktionsaufrufe

```
value = foxboard.getADC(chan)
foxboard.setAsOutput(IO_PA2)
foxboard.setIO(IO_PA2, value)
```

Es ist unschwer zu erkennen, dass die Funktion getADC(chan) einen Kanal des AD-Umsetzers abfragt, während die Funktion setIO(port, value) ein (oder auch mehrere) Ausgangpin(s) ansteuert. Mit der Funktion setAsOutput(port) werden die betreffenden Pins vorab als Ausgang konfiguriert.

```
require "foxboard"

io.write("Read ADC and output to IO_PA2\n")

IO_PA2={[2]=63, [3]=62, [4]=61, [5]=60, [6]=59, [7]=58, [8]=57, [9]=94}

foxboard.setAsOutput(IO_PA2)

value = foxboard.getADC(0)
io.write(string.format("ADC : %i\n", value))
foxboard.setIO(IO_PA2, value)
```

Listing 38   Lua Skript *testio4.lua*

134

Damit die Funktionen auch zur Verfügung stehen, müssen wir allerdings noch die foxboard benannte C-Library erstellen.

Die C-Funktionen setIO(), setAsOutput() und getADC(), die dem direkten Zugriff auf die betreffende IOs dienen, werden in der Datei *foxboard_io.c* definiert (Listing 39).

Die Pfadangaben zu ADC und IO werden über defines zur Verfügung gestellt.

```c
#include <stdlib.h>
#include <string.h>
#include <stdio.h>
#include <error.h>
#include "foxboard_io.h"

#define ADC       "/sys/bus/platform/devices/at91_adc/chan%i"
#define IO        "/sys/class/gpio/gpio%i/value"
#define EXPORT    "/sys/class/gpio/export"
#define DIRECTION "/sys/class/gpio/gpio%i/direction"

void setIO(int channel, int value)
{
    char path[sizeof(IO)+10+1];
    char buf[3];
    FILE * f;
    sprintf(path, IO, channel);
    buf[0] = value ? '1' : '0';
    buf[1] = '\n';
    buf[2] = 0;

    f = fopen(path, "w+");
    if(f == NULL)
    {
        error(1, 0, "setIO() could not open file %s", path);
    }

    fwrite(buf, sizeof(buf), sizeof(char), f);
    fclose(f);
}

void setAsOutput(int channel)
{
    char buf[10+1];
    char path[sizeof(DIRECTION)+10+1];
    FILE * f;
    sprintf(buf, "%i\n", channel);

    f = fopen(EXPORT, "w+");
    if(f == NULL)
    {
```

```
    error(1, 0, "setAsOutput() could not open file %s", EXPORT);
  }

  fwrite(buf, sizeof(buf), sizeof(char), f);
  fclose(f);

  sprintf(path, DIRECTION, channel);
  f = fopen(path, "w+");
  if(f == NULL)
  {
    error(1, 0, "setAsOutput() could not open file %s", path);
  }

  strcpy(buf, "out\n");
  fwrite(buf, sizeof(buf), sizeof(char), f);
  fclose(f);
}

int getADC(int channel)
{
  char path[sizeof(ADC)+10+1];
  char value[11] = "";
  size_t len;
  FILE * f;
  sprintf(path, ADC, channel);
  f = fopen(path, "r");
  if(f == NULL)
  {
    error(1, 0, "getADC() could not open file %s", path);
  }
  len = fread(value, sizeof(value), sizeof(char), f);
  fclose(f);

  return atoi(value);
}
```

Listing 39   Quelltext *foxboard_io.c*

Damit die gemäß Listing 39 definierten Funktionen mit Lua verknüpft werden
können, muss die Parameterübergabe zwischen Lua und C über einen globalen
Stack erfolgen.

Alle Funktionen, die in C implementiert werden, haben als Parameter einen Zeiger auf den aktuellen Lua-Interpreter. Lua stellt für die Manipulationen des
Stacks zahlreiche Funktionen zur Verfügung.

Die erforderlichen Anpassungen sind in der Datei *foxboard.c* (Listing 40) vorgenommen worden.

Mit den Präprozessor-Anweisungen `#include "lua.h"` und `#include "lauxlib.h"` werden dem Compiler alle Lua-Definitionen bekannt gemacht.

Die Kanalnummer des ADC wird durch die Instruktion

```
int channel = luaL_checknumber(L, 1);
```

vom Stack geholt und dahingehend überprüft, ob es sich um eine Zahl oder einen in eine Zahl konvertierbaren String handelt.

Nachdem der gewünschte Kanal des AD-Umsetzers gelesen und in der Variablen `value` abgespeichert wurde, wird das Ergebnis durch die Instruktion

```
lua_pushnumber(L, atoi(value));
```

auf den Stack gelegt. `Return 1` signalisiert Lua, dass ein Element auf den Stack zurückgelegt wurde.

Die Funktion `foxboard_setIOs()` ist komplexer gestaltet, ihr kann sowohl eine Tabelle mit IO Bits als auch ein IO Bit direkt übergeben werden. Die IO Bits werden dabei durch ihre Kernel ID beschrieben. In Lua sind also Aufrufe in der Form `foxboard.setIO(IO_PA2, value)` oder auch `foxboard.setIO(63, 1)` möglich.

Die Funktion `foxboard_setAsOutput()` kann gleichermaßen mit einer Tabelle von IO Bits oder einem einzelnen Bit arbeiten.

Die so definierten C-Funktionen `foxboard_getADC()`, `foxboard_setIOs()` und `foxboard_setAsOutput()` werden nun noch den Lua Funktionen `getADC()`, `setIO()` und `setAsOutput()` zugeordnet und als foxboard Library registriert.

```
#include <stdlib.h>
#include "lua.h"
#include "lauxlib.h"
#include "foxboard_io.h"

static int foxboard_getADC (lua_State *L)
{
    int channel = luaL_checknumber(L, 1);

    int value = getADC(channel);

    lua_pushnumber(L, value);
    return 1;
}
```

```
static int foxboard_setIOs (lua_State *L)
{
  unsigned int value   = luaL_checknumber(L, 2);

  if(lua_istable(L, 1))
  {
    int i;
    int bit;
    for(i=0; i<32; i++)
    {
      bit = (1 << i) & value;
      lua_pushnumber(L, i);
      lua_gettable(L, -3);
      if(lua_isnil(L, -1))
      {
        //Do nothing
      }
      else
      {
        int channel = lua_tonumber(L, -1);
        setIO(channel, bit);
      }
      lua_pop(L, 1);
    }
  }
  else
  {
    int channel = luaL_checknumber(L, 1);
    setIO(channel, value);
  }

  return 0;
}

static int foxboard_setAsOutput (lua_State *L)
{
  if(lua_istable(L, 1))
  {
    for (lua_pushnil(L); lua_next(L, -2); lua_pop(L, 1))
    {
      int channel = lua_tonumber(L, -1);
      setAsOutput(channel);
    }
  }
  else
  {
    int channel = luaL_checknumber(L, 1);
    setAsOutput(channel);
  }

  return 0;
```

```
}

static const luaL_reg foxboardlib[] =
{
  {"getADC",       foxboard_getADC},
  {"setIO",        foxboard_setIOs},
  {"setAsOutput",  foxboard_setAsOutput},
  {NULL, NULL}
};


/*
** Open foxboard library
*/
LUALIB_API int luaopen_foxboard (lua_State *L)
{
  luaL_register(L, "foxboard", foxboardlib);
  return 1;
}
```
Listing 40   Quelltext *foxboard.c*

Allgemeine Lua Erweiterungen kann man beispielsweise in einer gesonderten
Library myfunctions ablegen. In Listing 41 ist das für eine Sleep Funktion gezeigt. Da in Lua kein wait() o.ä. vorhanden ist, wurde diese Funktion hier implementiert. Der restlich Aufbau des Programms *myfunctions.c* entspricht dem
des Programms *foxboard.c*.


```
#include <lua.h>          /* Always include this */
#include <lauxlib.h>          /* Always include this */
#include <lualib.h>          /* Always include this */

#include <unistd.h>          /* for usleep() */

static int mssleep(lua_State *L) /* Internal name of func */
{
  long msecs = lua_tointeger(L, -1);
  usleep(1000*msecs);
  return 0;          /* No return value */
}

static const luaL_reg myfunctionslib [] =
{
  {"mssleep", mssleep},
  {NULL, NULL}
};
```

```
LUALIB_API int luaopen_myfunctions (lua_State *L)
{
  luaL_register(L, "myfunctions", myfunctionslib);
  return 1;
}
```

Listing 41   Quelltext *myfunctions.c*

Die in der beschriebenen Weise erstellten C-Programme müssen in eine Shared Library compiliert werden, damit sie von Lua durch `require()` geladen werden können.

Die Shared Library *foxboard.so* erzeugen wir mit Hilfe eines Makefiles, da die zu erzeugende Datei sowohl von *foxboard.c* als auch *foxboard_io.c* abhängig ist.

Abbildung 74 zeigt das Makefile und den anschliessenden Aufruf des Compilers über **make all**, bei einer Compilation direkt auf dem Target, d.h. unserem FOX Board G20.

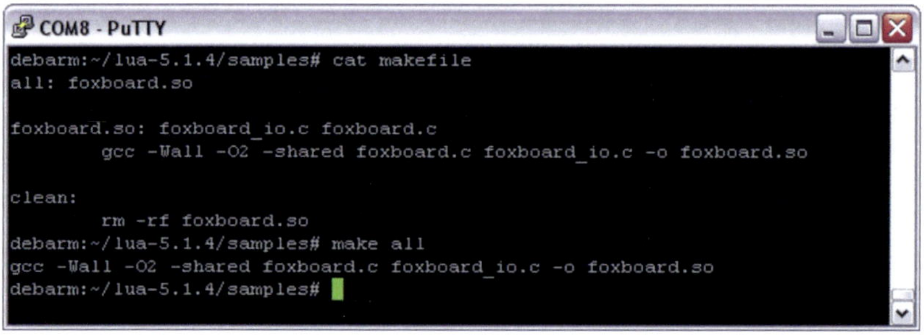

Abbildung 74   Compilieren Shared Library mittels Make

Für die zweite Shared Library *myfunctions.so* kann ein verändertes Makefile herangezogen werden oder der Compiler wird direkt aus der Kommandozeile gestartet. Abbildung 75 zeigt den Aufruf des Compilers gcc und den anschliessenden Test der Einbindung durch Aufruf des Skripts *test_myfunctions.lua*.

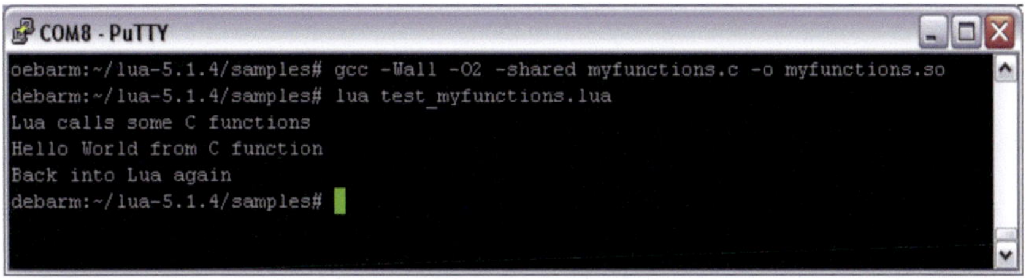

Abbildung 75 Compilieren Shared Library von der Kommandozeile

Den Abschluss dieses Abschnitts zu Lua auf dem FOX Board G20 soll nun noch eine praktische Anwendung bilden, die von den geschaffenen Möglichkeiten Gebrauch macht.

Im folgenden Programmbeispiel soll der AD-Umsetzer in einer Endlosschleife zyklisch abgefragt werden. Die Messwerte werden einer gleitenden Mittelwertbildung unterzogen und über die Console ausgegeben. Zusätzlich erfolgt die Ausgabe über die 8-Bit LED Zeile.

Listing 42 zeigt den Quelltext des Lua Skripts *adc_loop.lua* mit bekannten und neuen Konstrukten.

```
-- Acquire 10-bit ADC sample, smooth, compress to 8-bit value and output
to port

-- Conditions:
--- Kernel driver for ADC installed
--- IO Pins allocated and initialized

require "foxboard"      -- for getADC & setIO
require "myfunctions"   -- for mssleep

t = {0,0,0,0,0,0,0}     -- smoothing average over seven samples
period = 250            -- sample periode in msec

function smooth(val)
  table.remove(t, 1)
  table.insert(t, val)

  local mean = 0
  for i,v in ipairs(t) do
    mean =mean + v
  end
  return (mean/#t)
end

io.write("Read ADC, build smoothing average and output to IO_PA2\n")
```

141

```
io.write(string.format("Sample periode %i msec\n", period))

IO_PA2={[2]=63, [3]=62, [4]=61, [5]=60, [6]=59, [7]=58, [8]=57, [9]=94}

while true do
  value = foxboard.getADC(0)
  smooth_value = smooth(value)
  foxboard.setIO(IO_PA2, smooth_value)
  io.write(string.format("ADC raw: %i \tfiltered: %i\n", value,
smooth_value))
  myfunctions.mssleep(period)
end
```

Listing 42   Lua Skript *adc_loop.lua*

Zu Beginn werden die beiden Shared Libraries foxboard und myfunctions mittels require `""` eingebunden.

Eine Tabelle mit sieben Zellen (Stützstellen) dient der Bildung des gleitenden Mittelwerts mit der Funktion smooth(val).

Bei Vorliegen eines neuen Messwertes wird zuerst der älteste Messwert an Position t[1] der Tabelle t gelöscht, bevor der neue Messwert an die oberste Position der Tabelle geschrieben wird. Die Veränderung des Index erfolgt im Hintergrund, so dass man sich nicht darum kümmern muss. Zur Ermittlung des gleitenden Mittelwertes sind die Elemente der Tabelle zu addieren und die Summe durch die Anzahl der Tabellenelemente zu teilen.

Table		table.remove(t, 1)	table.insert(t, val)
t[7]	v[7]	v[7]	v[new]
t[6]	v[6]	v[6]	v[7]
t[5]	v[5]	v[5]	v[6]
t[4]	v[4]	v[4]	v[5]
t[3]	v[3]	v[3]	v[4]
t[2]	v[2]	v[2]	v[3]
t[1]	v[1]	~~v[1]~~	v[2]

Neu in Listing 42 ist noch die Funktion myfunctions.mssleep(period), die die in der Shared Library myfunctions definierte Funktion mssleep() aufruft, um eine (nicht blockierende) Wartezeit in die Schleife zur Messwerterfassung einzubauen.

Abbildung 76 zeigt abschliessend Aufruf und Ausgaben des Lua Skripts *adc_loop.lua*. Fest vorgegeben war die Erfassungsperiode von 250 ms. Die Ergebnisse der Messwerterfassung sind in der linken Spalte ungefiltert und in der rechten Spalte als gleitender Mittelwert über sieben Stützstellen dargestellt.

Der erfasste Messwert liegt bei Werten von 260 bis 264 Counts. In der rechten Spalte kann sehr gut das Einlaufen des Filters über sieben Positionen verfolgt werden. Später pendelt sich dieser Wert auf 262 bzw. 263 Counts ein.

```
COM8 - PuTTY
debarm:~/lua-5.1.4/samples# lua adc_loop.lua
Read ADC, build smoothing average and output to IO_PA2
Sample periode 250 msec
ADC raw: 262      filtered: 37
ADC raw: 263      filtered: 75
ADC raw: 264      filtered: 112
ADC raw: 260      filtered: 149
ADC raw: 263      filtered: 187
ADC raw: 264      filtered: 225
ADC raw: 263      filtered: 262
ADC raw: 263      filtered: 262
ADC raw: 263      filtered: 262
ADC raw: 264      filtered: 262
ADC raw: 264      filtered: 263
ADC raw: 264      filtered: 263
ADC raw: 264      filtered: 263
^Z
[30]+  Stopped                 lua adc_loop.lua
debarm:~/lua-5.1.4/samples#
```

Abbildung 76   Aufruf und Ausgaben Lua Skript adc_loop.lua

11. eLua für mbed Mikrocontroller

Das Kürzel **mbed** bezeichnet ein Tool des holländischen Halbleiterherstellers NXP Semiconductors für das Rapid Prototyping mit deren Cortex-Mx Mikrocontrollern [18].

Neben den mbed Mikrocontrollern wird das mbed Software Development Kit (mbed SDK) bereitgestellt, welches eine C/C++ Software Plattform und Bibliotheken (Libraries) zur Erstellung eigener Anwendungsprogramme zur Verfügung stellt.

Derzeit gibt es zwei unterschiedliche mbed Mikrocontroller:

- mbed NXP LPC1768 – ein Mikrocontroller auf Basis eines Cortex-M3 für leistungsfähige Anwendungen mit Ethernet, USB Host, u.a.m sowie

- mbed NXP LPC11U24 - ein Mikrocontroller auf Basis eines Cortex-M0 für USB Devices und stromsparende Anwendungen u.a.m

Abbildung 77 zeigt die Bauform der beiden mbed Mikrocontroller.

Abbildung 77   mbed Mikrocontrollermodule

Das Kürzel **eLua** steht für Embedded Lua (http://www.eluaproject.net). Das Embedded Lua Projekt stellt eine vollständige Implementierung der zunehmend populäreren Skriptsprache Lua für Embedded Systems zur Verfügung.

eLua ist darüber hinaus mit spezifischen Eigenschaften ausgestattet, die eine effektive und portable Softwareentwicklung für Embedded Systems ermöglichen.

Hier soll der mbed NXP LCP1768 Mikrocontroller als Beispiel für einen Cortex-M3 Mikrocontroller und die Implementierung von eLua für diesen Mikrocontroller betrachtet werden.

11.1 Eingesetzte Hardware

11.1.1 mbed NXP PLC1768

Die in Abbildung 77 gezeigten mbed Mikrocontroller sind für das Rapid Prototyping entwickelt worden und stehen in einem 40-pin DIP Formfaktor mit 0.1" Pinabstand zur Verfügung. Mit diesen Massen sind die Boards für den Einsatz auf Experimentierplatinen (Breadboards etc.) geeignet und der Aufbau der Mikrocontrollerperipherie kann ohne Löten von statten gehen.

Der mbed NXP LPC1768 Mikrocontroller ist das leistungsfähigere von den beiden gezeigten Modulen und wir werden uns in der Folge genau mit diesem Controllertyp weiter befassen.

Abbildung 78 verdeutlicht die Funktionalität des mbed NXP LPC1768 Mikrocontrollermoduls anhand der Beschreibung der Pins.

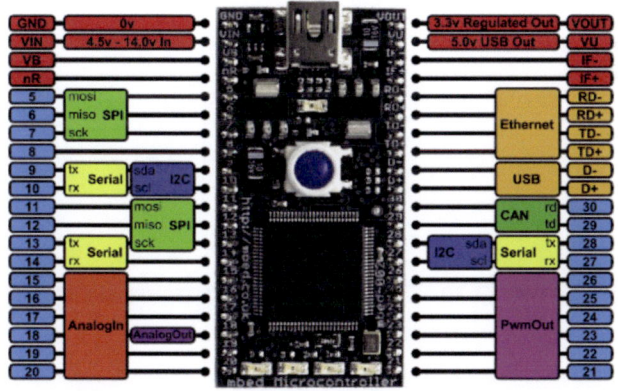

Abbildung 78   mbed NXP LPC1768 Funktionalität

145

Es stehen folgende Interfaces zur Verfügung:

- Kommunikation: Ethernet, USB Host & Device, SPI, CAN, I^2C, Serial
- analoge Ein-/Ausgabe: ADC, DAC PWM
- digitale Ein-/Ausgabe: flexible GPIO (3.3 V (5 V tolerant), 40 mA/Pin, 400 mA total)
- Spannungsversorgung: 4 - 9 V DC, Pufferbatterie für RTC
- Ausgangsspannungen: 3.3 und 5 V DC

Die „inneren Werte" des mbed NXP LPC1768 Mikrocontrollermoduls werden durch den eingesetzten 32-bit ARM Cortex-M3 Kern mit 512 KB FLASH und 32 KB RAM bei einer Taktfrequenz von 96 MHz bestimmt.

Alle weiteren Daten sind auf der NXP Website zu finden (http://www.nxp.com/products/microcontrollers/cortex_m3/lpc1700/#overview).

Abbildung 79 beschreibt noch weitere Elemente des mbed NXP LPC1768 Mikrocontrollermoduls, die das Userinterface ausmachen. So befinden sich an der Unterkante vier LEDs, die der Anwendung zur Verfügung stehen. Oberhalb des Controller-ICs befinden sich der Resettaster und eine LED sowie ein Micro-USB-Anschluss.

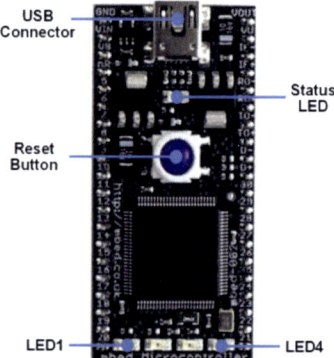

Abbildung 79   mbed NXP LPC1768 User Interface

Verbindet man das mbed NXP LPC1768 Mikrocontrollermodul über USB mit einem PC, dann meldet sich das mbed Mikrocontrollermodul als neues Laufwerk beim PC an.

Die erfolgreiche Installation kann im Gerätemanager überprüft werden. Wie Abbildung 80 zeigt, ist beim System des Autors die serielle USB-Verbindung zum mbed Mikrocontrollermodul als COM9 installiert wurden.

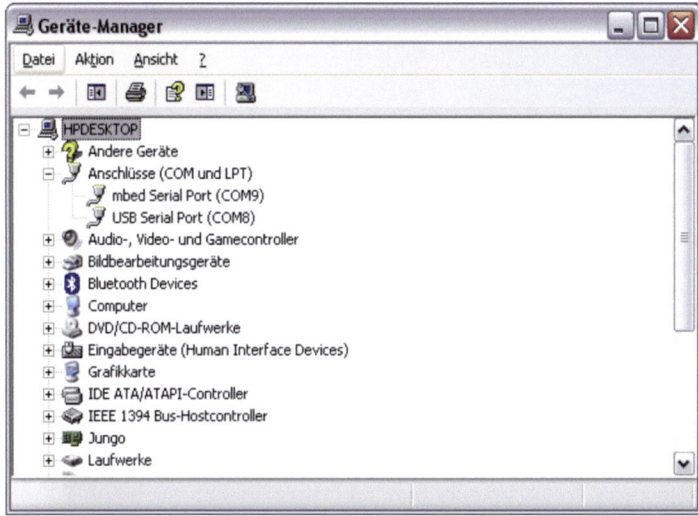

Abbildung 80   Serielles Interface zum mbed Mikrocontroller

Das später verwendete Terminalprogramm *PuTTY* muss auf diese Schnittstelle konfiguriert werden. Die Kommunikation erfolgt default mit 115 kBaud seriell, was gemäss Abbildung 81 eingestellt wird.

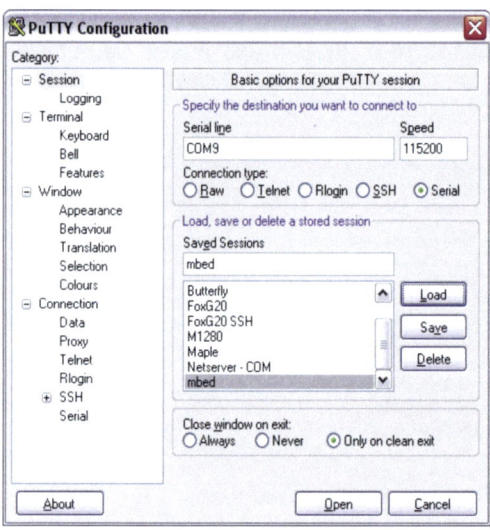

Abbildung 81   PuTTY Konfiguration

Wie Abbildung 82 zeigt, erkennt man im Dateimanager das mbed Mikrocontrol-lermodul im System des Autors als Laufwerk K:

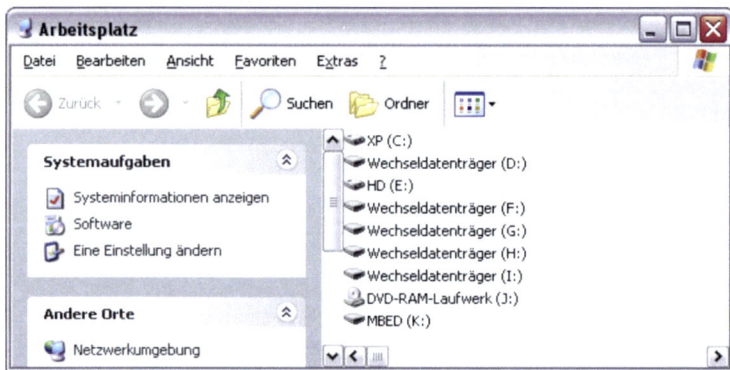

Abbildung 82   mbed Mikrocontrollermodul als Laufwerk K:

Durch diese intelligente Systemarchitektur wird die Programmentwicklung mit dem mbed Mikrocontrollermodul stark vereinfacht.

Ein Anwenderprogramm wird als BIN-File einfach ins mbed Mikrocontrollermodul heruntergeladen und durch Betätigen des Reset-Tasters gestartet. Hat man mehrere Anwenderprogramme ins mbed Mikrocontrollermodul heruntergeladen, dann wir durch Betätigen des Reset-Tasters immer das zuletzt heruntergeladene Programm gestartet.

Serielle Ausgaben des Anwendungsprogramms können auf die USB-Schnittstelle geleitet werden und sind dann in einem Terminalprogramm auf dem PC sichtbar. In der Folge werden wir hier das Terminalprogramm PuTTY verwenden, das auf die betreffenden Schnittstellenparameter auf COM9 eingestellt wird.

11.1.2 mbed Baseboards

Durch die Verwendung eines sogenannten BaseBoards kann die experimentelle Auseinandersetzung mit dem mbed Mikrocontrollermodul weiter vereinfacht werden. Mittlerweile gibt es hierfür diverse Angebote von denen zwei hier gezeigt werden sollen.

11.1.2.1.mbed-Xpresso Baseboard

Das mbed-Xpresso BaseBoard ist kompatibel mit den LPCXpresso Boards und den mbed Mikrocontrollermodulen von NXP und dient als Evaluationsboard für verschiedene Mikrocontroller, wie ARM7, CORTEX-M3, CORTEX-M0 u.a.m.

Abbildung 83 zeigt den Aufbau des Boards mit seinen zahlreichen Interfaces.

Abbildung 83   mbed-Xpresso BaseBoard

149

Folgende Merkmale kennzeichnen die Funktionalität des mbed-Xpresso Base-Boards:

- Abmessung 115 x 155 mm

- Spannungsversorgung 7.5 V DC

- Spannungserzeugung On-Board +3.3 V/500 mA und +5 V/500 mA

- alternative Spannungsversorgung über USB

- Steckverbinder für alle Controllerpins, 2x RS-232, VGA, PS/2, JTAG, USB (Typ B)

- SD/MMC Steckplatz

- 256 KB I^{2}C-EEPROM

- Audio-Verstärker mit Audio Jack

- Text-LCD (2 Zeilen zu 16 Zeichen) mit Hintergrundbeleuchtung

Bezugsmöglichkeit:

- TrioFlex OÜ, Estland
  (http://shop.trioflex.ee/product.php?id_product=63)

- zahlreiche andere internationale Webshops

11.1.2.2. TestBed for mbed

Mit TestBed for mbed bietet der Elektronikladen ein Entwicklungsboard an, welches die Nutzung des mbed NXP LPC1768 Mikrocontrollermoduls einfach macht, aber dennoch viele Möglichkeiten für Hardwareerweiterungen rund um das mbed-Modul bietet.

Neben den Kommunikationsschnittstellen, wie Ethernet, USB, RS485, CAN und RS232-TTL stehen weitere Interfaces zur Verfügung.

Ein Text-LCD mit Hintergrundbeleuchtung (LCD20X4BLU) kann für alphanumerische Ausgaben angeschlossen werden. TestBed for mbed bietet auch die Möglichkeit, Arduino-Shields einzusetzen und zur Unterstützung der drahtlose Kommunikation wurde ein XBee-Sockel vorgesehen. Abbildung 84 zeigt den Aufbau des beschriebenen Entwicklungsboards.

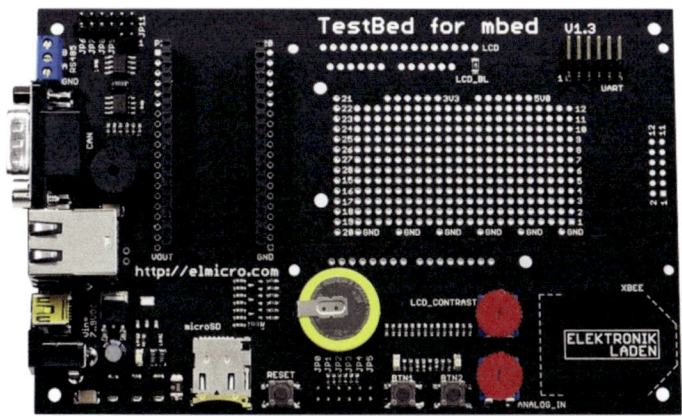

Abbildung 84   TestBed for mbed

Bezugsmöglichkeit: Elektronikladen
(http://elmicro.com/de/mbed-nxp-lpc1768.html)

11.2 eLua Projekt

Das eLua Projekt (http://www.eluaproject.net) verspricht *Embedded power, driven by Lua*.

Das bedeutet schnelles Prototyping und Entwicklung von embedded Software-anwendungen mit der Mächtigkeit von Lua und der Möglichkeit diese, auf unterschiedlichen Mikrocontrollerarchitekturen laufen zu lassen.

eLua kapselt die controllerspezifischen Unterschiede weitgehend und bietet damit einen einheitliche Programmierschnittstelle für die Anwendung.

11.2.1 eLua Lizenz

Wie bei jeder Software sind die Lizenzbestimmungen wichtig und sollen deshalb zu Beginn kurz gelistet werden.

- eLua ist Open Source Software und unterliegt, wie Lua selbst auch, der MIT Lizenz.

- eLua oder Teile davon können frei verwendet werden. Es bedarf hierzu keiner Erlaubnis (unsererseits).

- Unser Code kann verwendet, modifiziert und in eigene Produkte integriert werden, einschließlich privater, kommerzieller und geschlossener

151

Software. Es sind keine Lizenzgebühren zu bezahlen, wenn eLua in kommerziellen Produkten verwendet wird.

- Obwohl es keinerlei Verpflichtungen gibt, beachten Sie bitte auch etwas zurück zu geben, wenn wir zu Ihrem Produkt einen Beitrag geleistet haben. Spenden (Kits, Geld, Equipment, u.a.) und Beiträge (Code, Doc, Dev help, u.a.) sind sehr willkommen, da all unsere Entwicklungen auf unabhängiger und weltweit verteilter Zusammenarbeit beruhen.

- Es muss in der Dokumentation und den Lizenzbestimmungen erwähnt werden, dass eLua im betreffenden Produkt verwendet wird. Der Name eLua darf nicht ohne Erlaubnis verändert werden.

- Sie sind eingeladen, eLua zu genießen, damit Freude zu haben und, wenn möglich, Ihre Projekte mit der eLua Gemeinde zu teilen

11.2.2 eLua Installation

Um eLua auf dem mbed NXP LPC1768 Mikrocontroller zu installieren, gibt es verschiedene Möglichkeiten:

- Download einer vorkompilierten eLua Version (pre-built Image) für ein spezielles Target (hier den mbed NXP LPC1768 Mikrocontroller)

- Download des eLua Sourcecodes und Kompilierung, um die volle Kontrolle über die betreffende eLua Implementierung für einen speziellen Mikrocontroller zu erlangen.

An dieser Stelle soll der Einfachheit halber der erste Weg gegangen werden. Von der URL http://fanplastic.org/files/elua_lua_lpc1768.bin kann das betreffende Image heruntergeladen und auf den mbed Mikrocontroller kopiert werden.

Nach Betätigung des Resettasters startet eLua mit seinem Prompt eLua#.

Es können Programme aus dem ROM-Filesystem gestartet werden. Diese Programme sind Bestandteile des Images. Genauso können Programm aus dem On-Board Filesystem gestartet werden, wie wir an konkreten Beispielen noch sehen werden.

Die serielle Console von eLua ist automatisch auf das USB-Port des mbed NXP LCP1768 Mikrocontrollers umgeleitet. Die Schnittstellenparameter lauten 115200 Baud, 8 Bits, keine Parität, 1 Stopp Bit (8N1).

11.3 Programmbeispiele

Eine Reihe von Programmbeispielen soll das Arbeiten und die Möglichkeiten von eLua verdeutlichen. Auch wenn man bislang wenig oder kaum Kontakt mit Lua hatte, dann reicht die Kenntnis einer Hochsprache, wie bspw. C, die folgenden Programmbeispiele zu interpretieren. Spezielle Zeilen in den Quelltexten wurden nachträglich fett hervorgehoben, wenn sie speziell erläutert werden.

11.3.1 Inbetriebnahmetest

Mit dem Inbetriebnahmetest soll überprüft werden, ob die heruntergeladene eLua Version auch ihren Dienst tut.

Listing 43 zeigt den Quelltext des Programmbeispiels *testelua.lua*, welches ein etwas erweitertes „Hello World" darstellt.

```
print("\nTest of eLua on mbed board")
print("=========================")

local uartid, invert, ledpin = 0
local flag = true

if pd.board() == "MBED" then
   ledpin = mbed.pio.LED1
   mbed.pio.configpin( ledpin, 0, 0, 0 )
   pio.pin.setdir( pio.OUTPUT, ledpin )
else
   print( "Error: No mbed board!" )
   return
end

function blink()
   if flag then
      pio.pin.sethigh( ledpin )
      tmr.delay(0, 50000) -- wait for 50 ms
   else
      pio.pin.setlow( ledpin )
      tmr.delay( 0, 950000 )        -- wait for 950 ms
   end
   flag = not flag
end
```

```
print("This is eLua V." .. elua.version() .. " on " .. pd.board() .. "
board")
print("Watch your LED1 blinking...")

print("CPU on mbed board is " .. pd.cpu())
print("CPU clock is " .. cpu.clock()/1000000 .. " MHz")
print("Timer0 clock is " .. tmr.getclock(0) .. " Hz")

print("Press any key to end this test!")
while uart.getchar( uartid, 0 ) == "" do
  blink()
end

print("Program stopped.")
```

Listing 43   Quelltext *testelua.lua*

Da eLua auf verschiedenen Plattformen mit unterschiedlichen speziellen Eigenschaften lauffähig ist, wird zuerst die Plattform getestet..

Nach dem Test auf die korrekte Plattform durch `if pd.board() == "MBED" then`, können die plattformspezifischen Initialisierungen vorgenommen werden. Anderenfalls wird das Programm beendet.

Plattformspezifisch sind die folgenden Initialisierungen:

```
ledpin = mbed.pio.LED1,
mbed.pio.configpin(ledpin,0,0,0)
pio.pin.setdir(pio.OUTPUT,ledpin)
```

Das IO Pin, an welches LED1 angeschlossen ist, wird der Variablen `ledpin` zugewiesen, worauf das IO Pin als Ausgang konfiguriert wird.

In der Funktion `blink()` kann LED1 nun in Abhängigkeit von einem Flag durch die Anweisungen `pio.pin.sethigh(ledpin)` und `tmr.delay(0,50000)` für eine bestimmte Zeit ein- bzw. ausgeschaltet werden.

Eingebettet in die Ausgabeanweisungen

```
print("This is eLua V." .. elua.version() .. " on " .. pd.board() .. "
board")
...
print("CPU on mbed board is " .. pd.cpu())
print("CPU clock is " .. cpu.clock()/1000000 .. " MHz")
print("Timer0 clock is " .. tmr.getclock(0) .. " Hz")
```

sind Abfragen nach der eingesetzten eLua Version, dem betreffenden Board (wie bereits zum Beginn des Skripts), der eingesetzten CPU sowie den Clocks von CPU und Timer0. Da die serielle Ausgabe von eLua automatisch auf das USB-Port umgeleitet ist, reichen einfache print Anweisungen für eine serielle Ausgabe aus.

Gemäß der Anweisung `while uart.getchar( uartid, 0 ) == "" do` wird das Programm beim Empfang eines Zeichens von der Console gestoppt.

Abbildung 85 zeigt den Aufruf und die Ausgaben des Skripts *testelua.lua*. Das Skript wurde nach der Bearbeitung in einem Editor (wir verwenden hier Notepad++ wegen des Syntax Highlightings für viele Programmiersprachen, so auch Lua [x5]) in den mbed NXP LCP1768 Mikrocontroller (Laufwerk K:) kopiert und steht dort unter /semi/testelua.lua zur Verfügung. Der Aufruf erfolgt dann in der Form `lua /semi/testelua.lua`.

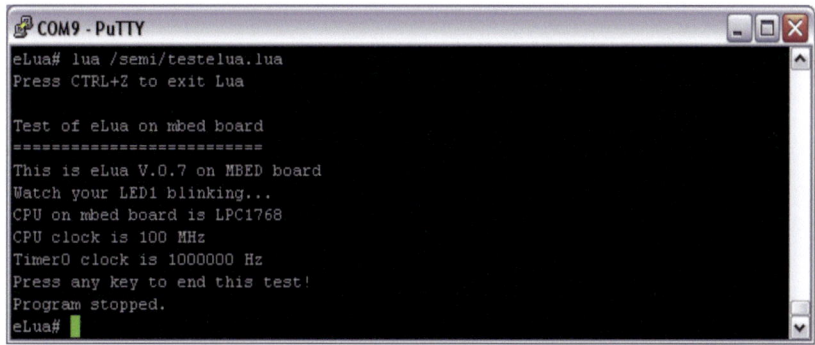

Abbildung 85   Aufruf und Ausgaben des Skripts *testelua.lua*

11.3.2 Benchmark

Um einen Vergleichstest für verschiedene Implementierung und Plattformen zur Hand zu haben, wurde das bekannte „Sieve of Eratosthenes" [19] bemüht.

Listing 44 zeigt den Quelltext des Skripts *bm1.lua*. Ein praktische identisches Skript mit lokalen Variablen ist *bm2.lua*, welches im Downloadbereich zu finden ist.

155

```
function sieve(n)
  x = {}
  iter = 0
  repeat
    x[1] = 0
    i = 2
    repeat
      x[i] = 1
      i = i + 1
    until i > n
    p = 2
    while(p * p <= n) do
      j = p
      while(j <= n) do
        x[j] = 0
        j = j + p
      end
      repeat
        p = p + 1
      until x[p] == 1
    end
    iter = iter + 1
  until iter == 101
end

print("\nSieve of Eratosthenes - Lua Benchmark on " .. pd.board() .. "
board")
print("================================================")
print("Start testing .....")
start = tmr.start(0)
sieve(1000)
stop = tmr.read(0)
print("Done!")
print("Total Time = " .. (stop - start)/tmr.getclock(0) .. " s")
```

Listing 44 Quelltext *bm1.lua*

Abbildung 86 zeigt Aufruf und Ausgaben der Skripte *bm1.lua* und *bm2.lua*. Interessant ist, dass allein durch die Verwendung lokaler Variablen im Skript *bm2.lua* die Programmlaufzeit von 5.28 s bei *bm1.lua* auf 2.16 s bei *bm2.lua* gesenkt werden konnte.

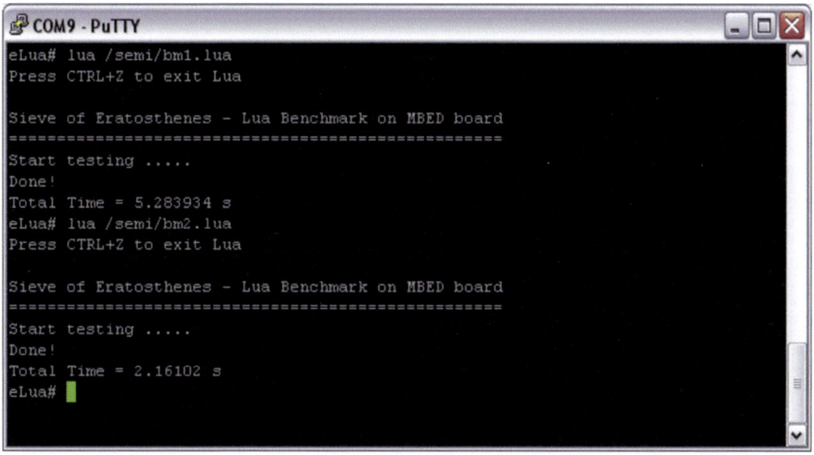

Abbildung 86 Aufruf und Ausgaben den Skripte *bm1.lua* und *bm2.lua*

11.3.3 Analog-Digital-Umsetzung

Die Cortex-M3 Mikrocontroller weisen einen mehrkanaligen 12-Bit AD-Umsetzer (ADC) auf. Beim mbed NXP LCP1768 stehen sechs ADC-Eingänge zur Verfügung. Das folgende Programmbeispiel *adctime.lua* (Listing 45) zeigt die Handhabung des ADCs und das Timing bei den AD-Umsetzungen.

```
-- Acquire ADC samples using a timer with polling for available samples

if pd.board() == "MBED" then
   timer = 1            -- use Timer1 as sample clock
   rate = 10            -- 10 sample per second
   number = 16          -- sample 16 adc values
   adcchannel = 0     -- use Pin15 of mbed for ADC input
   adcsmoothing = 16    -- smooth over 16 samples
   tmrclock = 1000      -- Timer resolution is 1 ms
   t= {} tt={}
   tablesize = 6
else
   print( "\nError: The board " .. pd.board() .. " is not supported by
this script!" )
   return
end

-- Init Timer
```

157

```
tmrclock = tmr.setclock(2, tmrclock ) -- Timer2 used for run-time meas-
urement in ms

-- Setup ADC and start sampling
adc.setblocking(adcchannel,0) -- no blocking on any channels
adc.setsmoothing(adcchannel,adcsmoothing) -- set smoothing from
adcsmoothing table
adc.setclock(adcchannel, rate ,timer) -- get rate samples per second

-- Draw static text on terminal
term.clrscr()
term.print(1,1,"Test ADC Timing:")
term.print(1,2,"================")

term.print(1,4,"        CH    SLEN    RES   Time")

-- start Timer2
start = tmr.start(2)

-- start sampling
adc.sample(adcchannel,number)

index = 1
while index < tablesize do
  -- If samples are not being collected, start
  if adc.isdone(adcchannel) == 1 then
    count = tmr.read(2)
    start = tmr.start(2)
    tsample = adc.getsample(adcchannel)
    adc.sample(adcchannel,number)
    tt = {adcchannel, adcsmoothing, tsample, count}
    table.insert(t,tt)
    index = index + 1
  end

  -- If we have a new sample, then update display
  if not (tsample == nil) then
    term.print(1,5,string.format("        ADC%02d (%03d): %04d %04d",
adcchannel, adcsmoothing, tsample, count))
    tsample = nil
  end
end

term.print(1,7, "Results:")
for i,v in ipairs(t) do term.print(1, 7 + i, string.format("%3d:",i))
  for ii,vv in ipairs(v) do term.print(string.format(" %5d",vv)) end
  term.print("\10\10\13")
end
```

Listing 45 Quelltext *adctime.lua*

Da das Timing der AD-Umsetzungen gemessen werden soll, wird Timer2 als Zeitbasis verwendet. Mit der Anweisung `tmrclock = tmr.setclock(2, tmrclock)` wird die Zeitbasis für Timer2 auf 1 ms (= 1000 Hz) eingestellt. Timer1 wird für den ADC-Clock verwendet.

Die Initialisierung der ADC erfolgt im Block

```
adc.setblocking(adcchannel,0)
adc.setsmoothing(adcchannel,adcsmoothing)
adc.setclock(adcchannel, rate ,timer)
```

Wie im Initialisierungsteil zu Beginn des Skriptes vereinbart, verwenden wir ADC Kanal 0 (`adcchannel = 0`), aktivieren eine Mittelwertbildung über 16 Werte (`adcsmoothing = 16`) und erfassen die Daten mit einer Abtastrate von 100 ms (`rate = 10`) gesteuert von Timer1.

Das Blocking bei der AD-Umsetzung bedeutet, dass auf den Abschluss der AD-Umsetzung gewartet wird. Davon machen wir hier nicht Gebrauch. Wir ermitteln das Vorliegen eines neuen Wertes vom ADC durch Polling des Flags `adc.isdone(adcchannel)` in der Form `if adc.isdone(adcchannel) == 1 then`.

Liegt ein neuer Wert vor, dann können die folgenden Aktionen gestartet werden. Das Lesen von Timer2 ergibt die Laufzeit bis zum Vorliegen eben dieses Wertes (`count = tmr.read(2)`), der Timer ist für die nächste Messung neu zu starten (`start = tmr.start(2)`), der ADC ist auszulesen (`tsample = adc.getsample(adcchannel)`) und neu zu starten (`adc.sample(adcchannel,number)`).

Daran anschließend werden die Werte `adcchannel`, `adcsmoothing`, `tsample`, `count` in eine Tabelle `t` geschrieben und durch die Anweisung `term.print(1,5,string.format("    ADC%02d (%03d): %04d %04d", adcchannel, adcsmoothing, tsample, count))` zur Ausgabe gebracht.

Schon mehrfach sind im Skript Anweisungen in der Form term.??? aufgetaucht. Hierbei handelt es sich um recht komfortable Terminalausgaben, die im Wesentlichen selbst erklärend sind und deshalb hier nicht weiter vertieft werden.

Zum Schluss des Skriptes werden die tabellarisch erfassten Werte am Terminal ausgegeben, um die Zeiten zwischen den AD-Umsetzungen verifizieren zu können. Abbildung 87 zeigt die Terminalausgaben des Skriptes *adctime.lua*.

Bis auf die erste Umsetzung folgen die weiteren der gewählten Abtastrate. Das abweichende Timing für die erste Umsetzung liegt im „Einlaufen" des Glättungs-filters (Smoothing) begründet. Die ADC-Werte selbst unterliegen hier keiner Systematik und sind nur von der Eingangsbeschaltung von IO Pin15 abhängig.

```
COM9 - PuTTY                                    _ □ ✕
Test ADC Timing:
================

          CH   SLEN   RES   Time
         ADCOO (016): 0314  0100

Results:
    1:    0    16    328   3250
    2:    0    16    311    100
    3:    0    16    312    100
    4:    0    16    284    100
    5:    0    16    314    100

eLua#
```

Abbildung 87   Ausgabe des Skriptes *adctime.lua*

11.3.4   Temperaturmessung mit LM35

LM35 ist ein einfacher Temperatursensor mit einem Spannungsausgang, der eine Spannung von 10 mV/°C bereitstellt [20]. Abbildung 88 zeigt Bauform und Anschlüsse des LM35 im TO-92 Gehäuse. Für unser nächstes Programmbeispiel also ein idealer Sensor.

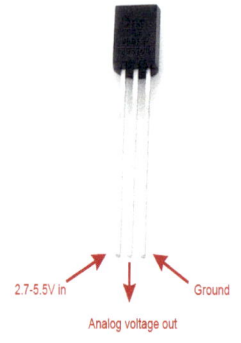

2.7-5.5V in   Ground

Analog voltage out

Abbildung 88   LM35

Der Temperatursensor LM35 wird mit VCC (3.3 V) und GND und der Analogausgang mit Pin15 des mbed NXP LCP1768 verbunden. Damit kann die tempe-

160

raturabhängige Ausgangsspannung des LM35 über den ADC Kanal 0 gemessen werden.

Im Programmbeispiel sollen jede Sekunde ein Temperaturmesswert erfasst und aus 60 Messwerten ein Minutenmittel gebildet und in ein File abgespeichert werden.

Listing 46 zeigt den Quelltext des Skriptes *lm35.lua*.

```lua
-- Measure Temperature by LM35

if pd.board() == "MBED" then
  timer = 1             -- use Timer1 as sample clock
  rate = 1              -- 1 sample per second
  number = 4            -- sample 4 adc values
  adcchannel = 0        -- connect LM35 Vout to Pin15 of mbed
  adcsmoothing = 4      -- smooth over 4 samples
  t = {}
  samples = 60          -- build mean value over 60 samples and save
  data = 1              -- number of data saved to file
  filename = "/semi/temp.txt"
else
  print( "\nError: The board " .. pd.board() .. " is not supported by
this script!" )
  return
end

-- Setup ADC and start sampling
adc.setblocking(adcchannel,0) -- no blocking on any channels
adc.setsmoothing(adcchannel,adcsmoothing) -- set smoothing from
adcsmoothing table
adc.setclock(adcchannel, rate ,timer) -- get rate samples per second

-- Draw static text on terminal
term.clrscr()
term.print(1,1,"LM35 Temperature Measurement")
term.print(1,2,"=============================")
term.print(1,3,"Press ESC to exit.")

-- start sampling
adc.sample(adcchannel,number)
index = 0
mean = 0

while true do
  -- If samples are not being collected, start
  if adc.isdone(adcchannel) == 1 then
    tsample = adc.getsample(adcchannel)
    adc.sample(adcchannel,number)
  end
```

161

```
-- If we have a new sample, then update display
if not (tsample == nil) then
    temperature = tsample * 330./4096 -- slope of LM35 is 10 mV/°C
    term.print(1,5,string.format("Temperature measured by LM35 is %3.1f
°C\n", temperature))
    tsample = nil
    table.insert(t,temperature)
    term.moveto(1,7) term.clreol() term.print(1,7,string.format("Index =
%3d", index))
    index = index + 1

    if index == samples + 1 then
    mean = 0  -- clear old mean
    for i,v in ipairs(t) do mean = mean + v end
      mean = mean / #t
      term.moveto(1,7) term.clreol()
      term.print(1,7,string.format("Mean Value %3.1f saved", mean))
      f = assert(io.open(filename, "a"))
      f:write(mean,",")
      f:close()
      term.print(1,8,string.format("%4d data points saved to %s",data,
filename))
      data = data + 1
      index = 1 -- set index to first element
      t = {}     -- clear table
    end
  end

  -- Exit if user hits Escape
  key = term.getchar( term.NOWAIT )
  if key == term.KC_ESC then break end
end

term.clrscr()
term.moveto(1, 1)
```

Listing 46   Quelltext *lm35.lua*

Die Initialisierung zu Programmbeginn erfolgt vergleichbar zum vorherigen
Skript, nur dass eine (erste) Mittelwertbildung über vier Messwerte (`adcs-
moothing = 4`) erfolgt.

Die erfassten ADC-Werte werden in einen Temperaturwert umgerechnet (`tem-
perature = tsample * 330./4096`). Die erfassten Werte erstrecken sich
von 0 bis 4095 und werden auf einen Spannungsbereich von 3.3 V resp. 10
mV/°C skaliert.

Sind 60 Messwerte erfasst (`if index == samples + 1 then`), dann erfolgt das Abspeichern nach Bildung dieses Mittelwerts durch die Anweisungen

```
f = assert(io.open(filename, "a"))
f:write(mean,",")
f:close()
```

Das File *temp.txt* wird im Append-Mode geöffnet, der Mittelwert gefolgt von einem Komma in dieses File abgespeichert und anschließend wird es sofort wieder geschlossen. Auf das so erzeugte CSV-File (Comma Separated Value File) kann vom angeschlossenen PC über das USB-Interface zugegriffen werden.

Der Schreibvorgang wird dann durch eine Terminalausgabe (`term.print(1,8,string.format("%4d data points saved to %s",data, filename)`)) noch gekennzeichnet. Abbildung 89 zeigt die Ausgaben des Sprites *lm35.lua*.

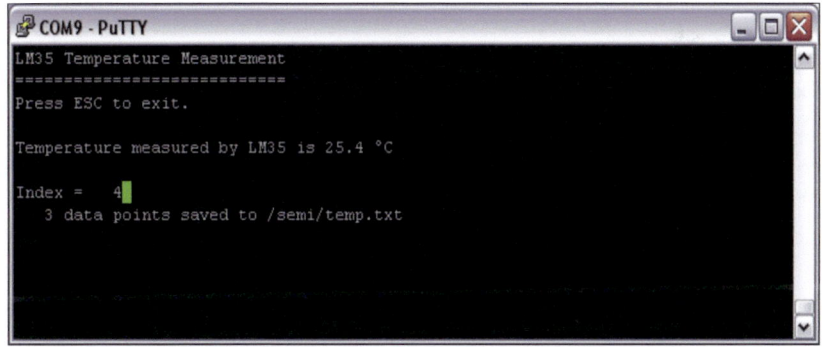

Abbildung 89   Ausgaben des Skriptes lm35.lua

Das Beenden des Programms wird durch die Anweisungen

```
key = term.getchar( term.NOWAIT )
if key == term.KC_ESC then break end
```

bewirkt. Hier handelt es sich wieder um Anweisungen der Terminalemulation. In der Variablen `key` wird der serielle Input ohne Blockierung (`term.NOWAIT`) abgefragt. Wurde die ESC-Taste gedrückt (`term.KC_ESC`), dann wird die Abarbeitung des Skriptes abgebrochen.

12. Wrapper Tools

Als Wrapper bezeichnet man in der Informationstechnik ein Stück Software, welches ein anderes Stück Software umgibt. Dies kann sich sowohl auf ganze Programme, als auch nur auf einzelne Programmteile bis Klassen beziehen. Die "Umhüllung" kann sowohl visueller als auch technischer Natur sein [21].

Wrapper werden aus unterschiedlichen Gründen eingesetzt, zumeist sind das Kompatibilitäts-, Sicherheits- oder architektonische Gründe.

Beispielsweise sind Wrapper behilflich, wenn Programmteile einer anderen Programmiersprache verwendet werden sollen, oder auch um den Zugriff auf bestimmte Programmteile einzuschränken (da das Programm so nur innerhalb des Wrapper läuft).

12.1   Basisfunktionen

Zum Test der noch zu betrachtenden Wrapper *SWIG* und *ToLua* wollen wir hier wieder die C-Funktionen `setIO()`, `setAsOutput()` und `getADC()` verwenden, die in der Datei *foxboard_io.c* definiert worden waren (Listing 39).

In dem unter sourceforge.net abgelegten Archiv sind geringfügige Ergänzungen zu finden, die hier aber keine Rolle spielen.

Verzichten werden wir hier auf die Übergabe einer Tabelle für die Konfiguration und Ausgabe bei der digitalen Ausgabe. Diese wurde im Programmbeispiel nach Listing 40 explizit codiert und wäre hier auf der Lua-Ebene zu erstellen.

12.2 SWIG

SWIG (Simplified Wrapper and Interface Generator) ist ein Programmierwerkzeug, das in C oder C++ geschriebene Module für andere Programmiersprachen, insbesondere Skriptsprachen, verfügbar macht.

SWIG ist ein Open-Source-Projekt (http://www.swig.org) und betriebssystemunabhängig (plattformübergreifend) einsetzbar.

Als Ausgangssprachen werden C und C++ unterstützt. Zielsprachen sind die Skriptsprachen Tcl/Tk, Perl, Python, Ruby, PHP, Lua und des Weiteren auch C#, Java u.a.m.

Wir wollen den Einsatz von SWIG wieder mit unserem FOX Board Beispiel demonstrieren. Die Installation von SWIG erfolgt gemäß Abbildung 90.

```
debarm:~/lua-5.1.4/samples# apt-get install swig
Reading package lists... Done
Building dependency tree
Reading state information... Done
The following packages were automatically installed and are no longer required:
  fam libmpfr1ldbl libdb4.5 portmap
Use 'apt-get autoremove' to remove them.
Suggested packages:
  swig-examples swig-doc
The following NEW packages will be installed:
  swig
0 upgraded, 1 newly installed, 0 to remove and 40 not upgraded.
Need to get 1213 kB of archives.
After this operation, 5186 kB of additional disk space will be used.
Get:1 http://ftp.ch.debian.org/debian/ squeeze/main swig armel 1.3.40-3 [1213 kB]
Fetched 1213 kB in 2s (554 kB/s)
Selecting previously deselected package swig.
(Reading database ... 19444 files and directories currently installed.)
Unpacking swig (from .../swig_1.3.40-3_armel.deb) ...
Processing triggers for man-db ...
Setting up swig (1.3.40-3) ...
debarm:~/lua-5.1.4/samples#
```

Abbildung 90 Installation von SWIG

Für die spätere Compilation ist außerdem die Library *libtolua* erforderlich, die ebenfalls installiert sein muss. Die erforderlichen Aufrufe lauten dann:

```
apt-get install swig

apt-get install libtolua-dev
```

Wie bereits erwähnt, bilden die beiden, nahezu unveränderten Dateien *foxboard_io.h* und *foxboard_io.c* den Ausgangspunkt der folgenden Betrachtungen.

Um nun diese Dateien mit Hilfe von *SWIG* in Lua verfügbar zu machen, müssen wir ein Interface File erstellen, welches als Inputfile von SWIG erwartet wird. Listing 47 zeigt den Quelltext des Interfacefiles *foxboard.i*.

```
%module foxboard
%{
    #include "foxboard_io.h"
%}

void setIO(int channel, int value);
void setAsOutput(int channel);
int getADC(int channel);
```

Listing 47   Quelltext SWIG Interfacefile *foxboard.i*

Die Compilation wird durch das folgende Makefile (Listing 48) gesteuert.

```
all: foxboard.so

foxboard.c: foxboard.i
    swig -lua -o foxboard.c foxboard.i

foxboard.so: foxboard_io.c foxboard.c
    gcc -Wall -O2 -shared foxboard.c foxboard_io.c -ltolua -o foxboard.so

clean:
    rm foxboard.so foxboard.c
```

Listing 48   SWIG Makefile

SWIG erzeugt hier das File *foxboard.c*, welches dann mit *foxboard_io.c* compiliert und zu einer Shared Library *foxboard.so* gelinkt wird.

Um einen Eindruck von der erzeugten Datei *foxboard.c* zu erhalten, ist hier ausschnittsweise der generierte Quelltext gelistet (Listing 49). Das Listing kann hier nur ausschnittsweise angezeigt werden, da gegenüber den „handgestrickten" 1452 Bytes der ursprünglichen Datei *SWIG* hingegen eine Datei mit 60143 Bytes erstellt hat. Für den Prozess selbst spielt das natürlich keine Rolle, denn die Datei wird nach der Compilation ja nicht mehr benötigt und kann gelöscht werden.

```
/* -------------------------------------------------------------------------
 * This file was automatically generated by SWIG (http://www.swig.org).
 * Version 1.3.40
 *
 * This file is not intended to be easily readable and contains a number of
 * coding conventions designed to improve portability and efficiency. Do not make
 * changes to this file unless you know what you are doing--modify the SWIG
 * interface file instead.
 * ------------------------------------------------------------------------- */

#define SWIGLUA
```

```
/* --------------------------------------------------------------------------
 *  This section contains generic SWIG labels for method/variable
 *  declarations/attributes, and other compiler dependent labels.
 * -------------------------------------------------------------------------- */

/* template workaround for compilers that cannot correctly implement the C++ standard */
#ifndef SWIGTEMPLATEDISAMBIGUATOR
# if defined(__SUNPRO_CC) && (__SUNPRO_CC <= 0x560)
#   define SWIGTEMPLATEDISAMBIGUATOR template
# elif defined(__HP_aCC)
/* Needed even with `aCC -AA' when `aCC -V' reports HP ANSI C++ B3910B A.03.55 */
/* If we find a maximum version that requires this, the test would be __HP_aCC <= 35500 for A.03.55
 */
#   define SWIGTEMPLATEDISAMBIGUATOR template
# else
#   define SWIGTEMPLATEDISAMBIGUATOR
# endif
#endif

...

/* exporting methods */
#if (__GNUC__ >= 4) || (__GNUC__ == 3 && __GNUC_MINOR__ >= 4)
#   ifndef GCC_HASCLASSVISIBILITY
#     define GCC_HASCLASSVISIBILITY
#   endif
#endif

...

/* --------------------------------------------------------------------------
 * See the LICENSE file for information on copyright, usage and redistribution
 * of SWIG, and the README file for authors - http://www.swig.org/release.html.
 *
 * luarun.swg
 *
 * This file contains the runtime support for Lua modules
 * and includes code for managing global variables and pointer
 * type checking.
 * -------------------------------------------------------------------------- */

#ifdef __cplusplus
extern "C" {
#endif

#include "lua.h"
#include "lauxlib.h"
#include <stdlib.h>  /* for malloc */
#include <assert.h>  /* for a few sanity tests */

/* --------------------------------------------------------------------------
 * global swig types
 * -------------------------------------------------------------------------- */
/* Constant table */
#define SWIG_LUA_INT     1
#define SWIG_LUA_FLOAT   2
#define SWIG_LUA_STRING  3
#define SWIG_LUA_POINTER 4
#define SWIG_LUA_BINARY  5
#define SWIG_LUA_CHAR    6

/* Structure for variable linking table */
typedef struct {
  const char *name;
```

```
   lua_CFunction get;
   lua_CFunction set;
} swig_lua_var_info;

/* Constant information structure */
typedef struct {
    int type;
    char *name;
    long lvalue;
    double dvalue;
    void   *pvalue;
    swig_type_info **ptype;
} swig_lua_const_info;

...

#define SWIG_name       "foxboard"
#define SWIG_init       luaopen_foxboard
#define SWIG_init_user  luaopen_foxboard_user

#define SWIG_LUACODE    luaopen_foxboard_luacode

#include "foxboard_io.h"

#ifdef __cplusplus
extern "C" {
#endif
static int _wrap_setIO(lua_State* L) {
  int SWIG_arg = 0;
  int arg1 ;
  int arg2 ;

  SWIG_check_num_args("setIO",2,2)
  if(!lua_isnumber(L,1)) SWIG_fail_arg("setIO",1,"int");
  if(!lua_isnumber(L,2)) SWIG_fail_arg("setIO",2,"int");
  arg1 = (int)lua_tonumber(L, 1);
  arg2 = (int)lua_tonumber(L, 2);
  setIO(arg1,arg2);

  return SWIG_arg;

  if(0) SWIG_fail;

fail:
  lua_error(L);
  return SWIG_arg;
}


static int _wrap_setAsOutput(lua_State* L) {
  int SWIG_arg = 0;
  int arg1 ;

  SWIG_check_num_args("setAsOutput",1,1)
  if(!lua_isnumber(L,1)) SWIG_fail_arg("setAsOutput",1,"int");
  arg1 = (int)lua_tonumber(L, 1);
  setAsOutput(arg1);

  return SWIG_arg;

  if(0) SWIG_fail;

fail:
  lua_error(L);
  return SWIG_arg;
```

```
}

static int _wrap_getADC(lua_State* L) {
  int SWIG_arg = 0;
  int arg1 ;
  int result;

  SWIG_check_num_args("getADC",1,1)
  if(!lua_isnumber(L,1)) SWIG_fail_arg("getADC",1,"int");
  arg1 = (int)lua_tonumber(L, 1);
  result = (int)getADC(arg1);
  lua_pushnumber(L, (lua_Number) result); SWIG_arg++;
  return SWIG_arg;

  if(0) SWIG_fail;

fail:
  lua_error(L);
  return SWIG_arg;
}

static const struct luaL_reg swig_commands[] = {
  { "setIO", _wrap_setIO},
  { "setAsOutput", _wrap_setAsOutput},
  { "getADC", _wrap_getADC},
  {0,0}
};
```

Listing 49   Durch *SWIG* erzeugtes C File *foxboard.c*

Die Erzeugung der Shared Library *foxboard.so* und deren Test mit Hilfe des Lua Skripts *testio-swig.lua* (Listing 50) sind in Abbildung 91 dokumentiert.

```
require "foxboard"

io.write("Read ADC and output to IO_PA2\n")

foxboard.setAsOutput(63)
foxboard.setIO(63, 1)

value = foxboard.getADC(0)
io.write(string.format("ADC : %i\n", value))

foxboard.setIO(63, 0)
```

Listing 50   Quelltext *testio-swig.lua*

Beim Test wird Pin PA31 (Kernel ID 63) als Ausgang konfiguriert und während der Abfrage des AD-Umsetzers und der Ausgabe des Wertes über die Konsole kurz eingeschaltet, was bei Verwendung des Daisy-11 LED Moduls durch ein kurzes Aufleuchten der LED L1 signalisiert wird.

```
COM8 - PuTTY                                              _ □ X
debarm:~/lua-5.1.4/samples/swig# ls
foxboard.i  foxboard_io.c  foxboard_io.h  makefile  testio-swig.lua
debarm:~/lua-5.1.4/samples/swig# make all
swig -lua -o foxboard.c foxboard.i
gcc -Wall -O2 -shared foxboard.c foxboard_io.c -ltolua -o foxboard.so
debarm:~/lua-5.1.4/samples/swig# ls -all
total 112
drwxr-xr-x 2 root root  4096 May  7 21:46 .
drwxr-xr-x 4 root root  4096 Apr 22 11:00 ..
-rw-r--r-- 1 root root 60143 May  7 21:46 foxboard.c
-rw-r--r-- 1 root root   146 Apr 14 16:16 foxboard.i
-rwxr-xr-x 1 root root 22545 May  7 21:46 foxboard.so
-rw-r--r-- 1 root root  1723 May  6 09:18 foxboard_io.c
-rw-r--r-- 1 root root   153 Apr 14 14:42 foxboard_io.h
-rw-r--r-- 1 root root   226 Apr 17 20:25 makefile
-rw-r--r-- 1 root root   214 May  3 14:48 testio-swig.lua
debarm:~/lua-5.1.4/samples/swig# lua testio-swig.lua
Read ADC and output to IO_PA2
ADC : 103
debarm:~/lua-5.1.4/samples/swig# lua testio-swig.lua
Read ADC and output to IO_PA2
ADC : 283
debarm:~/lua-5.1.4/samples/swig# 
```

Abbildung 91 Erzeugung der Shared Library foxboard.so mit _SWIG_

12.3 ToLua

ToLua ist ein weiteres Tool, welches die Integration von C/C++ Code mit Lua vereinfacht (http://www.tecgraf.puc-rio.br/~celes/tolua/tolua-3.2.html).

Um _ToLua_ einsetzen zu können, benötigen wir ein sogenanntes Packagefile, das die Konstanten, Variablen, Funktionen, Klassen und Methoden angibt, die in Lua verfügbar gemacht werden sollen. Mit diesen Angaben erstellt _ToLua_ dann das benötigte C File. Insofern ist das Prinzip mit dem im letzten Abschnitt vorgestellten _SWIG_ vergleichbar.

Listing 51 zeigt das Packagefile _foxboard.pkg_ für unser Foxboard Beispiel. Unter `module foxboard` stehen wieder die drei Funktionen, die wir unter Lua zur Verfügung stellen wollen.

```
$#include "foxboard_io.h"

module foxboard
{
   void setIO(int channel, int value);
   void setAsOutput(int channel);
   int getADC(int channel);
}
```

Listing 51   Quelltext ToLua Packagefile *foxboard.pkg*

Auch das die Compilation steuernde Makefile (Listing 52) bringt keine wesentlichen Neuerungen, so dass wir uns in Listing 53 das generierte File *foxboard.c* ansehen können.

```
all: foxboard.so

foxboard.c: foxboard.pkg
   tolua -n foxboard -o foxboard.c foxboard.pkg

foxboard.so: foxboard_io.c foxboard.c
   gcc -Wall -O2 -shared foxboard.c foxboard_io.c -ltolua -o foxboard.so

clean:
      rm foxboard.so foxboard.c
```

Listing 52   ToLua Makefile

Da das durch *ToLua* erzeugte C File *foxboard.c* nur 3002 Bytes umfasst, ist Listing 53 hier komplett dargestellt.

```
/*
** Lua binding: foxboard
** Generated automatically by tolua 5.1.2 on Tue Apr 17 21:25:59 2012.
*/

#include "tolua.h"

#ifndef __cplusplus
#include <stdlib.h>
#endif
#ifdef __cplusplus
 extern "C" int tolua_bnd_takeownership (lua_State* L); // from tolua_map.c
#else
 int tolua_bnd_takeownership (lua_State* L); /* from tolua_map.c */
#endif
#include <string.h>

/* Exported function */
TOLUA_API int tolua_foxboard_open (lua_State* tolua_S);
```

```
LUALIB_API int luaopen_foxboard (lua_State* tolua_S);

#include "foxboard_io.h"

/* function to register type */
static void tolua_reg_types (lua_State* tolua_S)
{
}

/* function: setIO */
static int tolua_foxboard_foxboard_setIO00(lua_State* tolua_S)
{
#ifndef TOLUA_RELEASE
 tolua_Error tolua_err;
 if (
 !tolua_isnumber(tolua_S,1,0,&tolua_err) ||
 !tolua_isnumber(tolua_S,2,0,&tolua_err) ||
 !tolua_isnoobj(tolua_S,3,&tolua_err)
 )
 goto tolua_lerror;
 else
#endif
 {
  int channel = ((int)  tolua_tonumber(tolua_S,1,0));
  int value = ((int)  tolua_tonumber(tolua_S,2,0));
  {
   setIO(channel,value);
  }
 }
 return 0;
#ifndef TOLUA_RELEASE
 tolua_lerror:
 tolua_error(tolua_S,"#ferror in function 'setIO'.",&tolua_err);
 return 0;
#endif
}

/* function: setAsOutput */
static int tolua_foxboard_foxboard_setAsOutput00(lua_State* tolua_S)
{
#ifndef TOLUA_RELEASE
 tolua_Error tolua_err;
 if (
 !tolua_isnumber(tolua_S,1,0,&tolua_err) ||
 !tolua_isnoobj(tolua_S,2,&tolua_err)
 )
 goto tolua_lerror;
 else
#endif
 {
  int channel = ((int)  tolua_tonumber(tolua_S,1,0));
  {
   setAsOutput(channel);
  }
 }
 return 0;
#ifndef TOLUA_RELEASE
 tolua_lerror:
 tolua_error(tolua_S,"#ferror in function 'setAsOutput'.",&tolua_err);
 return 0;
#endif
}

/* function: getADC */
static int tolua_foxboard_foxboard_getADC00(lua_State* tolua_S)
```

```
{
#ifndef TOLUA_RELEASE
 tolua_Error tolua_err;
 if (
 !tolua_isnumber(tolua_S,1,0,&tolua_err) ||
 !tolua_isnoobj(tolua_S,2,&tolua_err)
 )
 goto tolua_lerror;
 else
#endif
 {
  int channel = ((int)  tolua_tonumber(tolua_S,1,0));
  {
   int tolua_ret = (int)  getADC(channel);
  tolua_pushnumber(tolua_S,(lua_Number)tolua_ret);
  }
 }
 return 1;
#ifndef TOLUA_RELEASE
 tolua_lerror:
 tolua_error(tolua_S,"#ferror in function 'getADC'.",&tolua_err);
 return 0;
#endif
}

/* Open lib function */
LUALIB_API int luaopen_foxboard (lua_State* tolua_S)
{
 tolua_open(tolua_S);
 tolua_reg_types(tolua_S);
 tolua_module(tolua_S,NULL,0);
 tolua_beginmodule(tolua_S,NULL);
 tolua_module(tolua_S,"foxboard",0);
 tolua_beginmodule(tolua_S,"foxboard");
 tolua_function(tolua_S,"setIO",tolua_foxboard_foxboard_setIO00);
 tolua_function(tolua_S,"setAsOutput",tolua_foxboard_foxboard_setAsOutput00);
 tolua_function(tolua_S,"getADC",tolua_foxboard_foxboard_getADC00);
 tolua_endmodule(tolua_S);
 tolua_endmodule(tolua_S);
 return 1;
}
/* Open tolua function */
TOLUA_API int tolua_foxboard_open (lua_State* tolua_S)
{
 lua_pushcfunction(tolua_S, luaopen_foxboard);
 lua_pushstring(tolua_S, "foxboard");
 lua_call(tolua_S, 1, 0);
 return 1;
}
```

Listing 53   Durch *ToLua* erzeugtes C File *foxboard.c*

Die Erzeugung der Shared Library *foxboard.so* und deren Test mit Hilfe des Lua Skripts *testio-tolua.lua* (identisch zu Listing 50) sind in Abbildung 92 dokumentiert.

Die Funktionalität ist absolut identisch, weshalb auf weitere Erläuterungen an dieser Stelle verzichtet werden kann.

```
debarm:~/lua-5.1.4/samples/tolua# ls
foxboard.pkg  foxboard_io.c  foxboard_io.h  makefile  testio-tolua.lua
debarm:~/lua-5.1.4/samples/tolua# make all
tolua -n foxboard -o foxboard.c foxboard.pkg
gcc -Wall -O2 -shared foxboard.c foxboard_io.c -ltolua -o foxboard.so
debarm:~/lua-5.1.4/samples/tolua# ls -all
total 76
drwxr-xr-x 2 root root  4096 May  7 21:45 .
drwxr-xr-x 4 root root  4096 Apr 22 11:00 ..
-rw-r--r-- 1 root root  3002 May  7 21:45 foxboard.c
-rw-r--r-- 1 root root   147 Apr 14 14:57 foxboard.pkg
-rwxr-xr-x 1 root root 41769 May  7 21:45 foxboard.so
-rw-r--r-- 1 root root  1723 May  6 09:18 foxboard_io.c
-rw-r--r-- 1 root root   153 Apr 14 14:42 foxboard_io.h
-rw-r--r-- 1 root root   238 Apr 17 20:25 makefile
-rw-r--r-- 1 root root   220 May  7 20:49 testio-tolua.lua
debarm:~/lua-5.1.4/samples/tolua# lua testio-tolua.lua
Read ADC and output to IO_PA2
ADC : 289
debarm:~/lua-5.1.4/samples/tolua# lua testio-tolua.lua
Read ADC and output to IO_PA2
ADC : 104
debarm:~/lua-5.1.4/samples/tolua#
```

Abbildung 92   Erzeugung der Shared Library foxboard.so mit ToLua

174

13. Referenzen

[1]   Streicher, M.:
        Embeddable scripting with Lua.
        http://www-128.ibm.com/developerworks/linux/library/l-lua.html

[2]   Kühnel, C.; Zwirner, D.:
        Symphonie aus C++ und Lua.
        Skriptsprache mit kleinem Interpreter
        MECHATRONIK FM 09/2008, Seite 26-29

[3]   Kühnel, C.; Zwirner, D.:
        Sonne, Mond und Skripte. Die Skriptsprache Lua
        ELEKTRONIK 20/2008, Seite 57-64

[4]   Jung, K.; Brown, A.:
        Beginnung Lua Programming.
        WileyPublishing, Inc., 2007
        ISBN 978-0-470-06917-2

[5]   Ierusalimschy, R.:
        Programmieren mit Lua.
        Open Source Press, 2006
        ISBN 978-3937514222
        Online Version unter http://www.lua.org/pil/index.html

[6]   Ierusalimschy, R.; De Figueiredo, L. H.; Celes, W.:
        Lua 5.1 Reference Manual
        Unknown, 2006
        ISBN 978-8590379836

[7]   Regulärer Ausdruck (aus Wikipedia)
        http://de.wikipedia.org/wiki/Regul%C3%A4rer_Ausdruck

[8]   Reguläre Ausdrücke online testen
        http://www.regexe.de

[9]   Kruhoffer, M. et al.:
        Evaluation of the QIAsymphony SP Workstation for Magnetic Particle-
        Based Nucleic Acid Purification from Different Sample Types for De-
        manding Downstream Applications
        Journal of Laboratory Automation 2010 15: 41
        http://jla.sagepub.com/content/15/1/41

[10]   Gnuplot
        http://www.gnuplot.info

[11]   Gnuplot in Action
        http://www.manning.com/janert/

[12]   Produktseite des USB-AD von BMC Messsysteme
        http://www.bmcm.de/ger/pr-usb-ad.html

[13]   386EX-Card III Handbuch
        http://www.taskit.de/produkte/386ex-card/index.htm

[14]   PCF8591 8-bit A/D and D/A converter
        http://www.nxp.com/acrobat_download/datasheets/PCF8591_6.pdf

[15]   Lua implementation of a CRC32 hashing algorithm
        http://luamemcached.googlecode.com/svn/trunk/CRC32.lua

[16]   FOX Board G20 Developers Site
        http://www.acmesystems.it/index_foxg20

[17]   Daisy a fast prototyping cabling system
        http://www.acmesystems.it/index_daisy

[18]   mbed
        http://mbed.org/nxp/lpc1768/

[19]   Sieve of Eratosthenes
         http://en.wikipedia.org/wiki/Sieve_of_Eratosthenes

[20]   LM35 Precision Centigrade Temperature Sensors
         http://www.ti.com/lit/ds/symlink/lm35.pdf

[21]   Software Wrapper
         http://de.wikipedia.org/wiki/Wrapper_(Software)

[22]   Webseite zum Buch
         http://www.ckuehnel.ch/Lua-Buch.html

14. Index

Notizen

Ihre Meinung oder Ihre Erkenntnisse können auch anderen von Nutzen sein. Auf der Webseite zum Buch [22] finden Sie einen Link, um uns entsprechende Hinweise mitzuteilen.